Computational Optical Imaging: The Next Generation Optoelectronic Imaging Technology

计算光学 带来的
成像革命 第2季

邵晓鹏 ——— 著

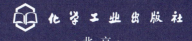

化学工业出版社

· 北 京 ·

内容简介

本书以科普的形式，详细阐述了计算光学成像的相关知识及实践应用，前瞻性地论述了该技术发展的方向和与其他学科的交叉融合。

通过专题讲解的形式，深入浅出地讲述了升维、计算介质、成像光谱、计算光学成像的范式、计算光学成像带来的数据革命、广域高分辨率成像的挑战、逆光成像、光学合成孔径、关于分辨率的讨论、海洋光学成像、偏振三维相机、计算成像中的计量问题、元视觉与计算光学成像、下一代成像光谱仪、信噪比等内容。

本书围绕知识普及的目的，用通俗易懂的语言、形象直观的插图，将计算光学成像技术娓娓道来，不仅可以为计算光学和光学成像等领域的初学者建立一个完整的理论体系，帮助其更好地理解这门学科；而且能够为广大计算光学领域的从业人员提供参考，使其短时间内对某个专题有较为深入的认识，更好地做好研究和应用工作。

图书在版编目(CIP)数据

未来视界：计算光学带来的成像革命. 第2季/邵晓鹏著. —北京：化学工业出版社，2024.4
ISBN 978-7-122-45463-8

Ⅰ.①未… Ⅱ.①邵… Ⅲ.①光学系统-成像系统-研究 Ⅳ.①O43

中国国家版本馆CIP数据核字（2024）第078972号

责任编辑：贾　娜
责任校对：边　涛　　　　　　　　　装帧设计：史利平

出版发行：化学工业出版社（北京市东城区青年湖南街13号　邮政编码100011）
印　　装：北京缤索印刷有限公司
710mm×1000mm　1/16　印张20¹/₂　字数379千字
2024年5月北京第1版第1次印刷

购书咨询：010-64518888　　　　　　售后服务：010-64518899
网　　址：http://www.cip.com.cn

凡购买本书，如有缺损质量问题，本社销售中心负责调换。

定　　价：158.00元

序言

　　计算光学成像是信息时代发展的必然，其核心是光场信息的获取、处理、解译和重构。相比于传统光学成像建立在像差传递的"所见即所得"理论之上，计算光学则是建立于信息传递的"所得非所见"成像模式。随着技术的发展，光学信息获取的能力逐渐提升，成像多限于光强度单一维度探测的时代已然过去，如何利用时间和空间编码，多维度获取偏振、相位、角动量等物理量，以及根据这些物理量研究成像的范式，对推动计算成像的发展将起到不可估量的作用；尤其是集成电路、微纳光学和人工智能等技术的高速发展，新型电子元器件和光学器件涌现，为光学信息处理提供了有力的支撑，光场信息的解译能力大幅提升，催生了计算成像范式理论的发展。信息解译的本质是更高阶的信息处理，研究光场信息的传递和解译，如何从低阶信息中解译高阶信息，重构出全新的成像结果，必然成为计算成像的热点问题。最终影响信息解译成败的因素其实是信噪比，于是，如何突破信噪比的限制就成为了计算成像研究的重要问题。

　　目前，计算光学成像技术已经开始在航天、航空、工业和民用经济中广泛应用，尤其在手机摄影和工业检测领域中，该技术发展很快。随着信息处理能力的大幅提升，未来走向大规模应用已成必然。

　　作为第一本系统的计算成像科普著作，邵晓鹏教授的《未来视界：计算光学带来的成像革命》于2023年7月出版，形象深刻地阐述了"计算成像"的基础理论及实践应用，普及计算光学知识，培养从事计算光学的群体。《未来视界：计算光学带来的成像革命》第2季在第1季的基础上，更加深入地讨论了合成孔径、成像分辨率、多维信息获取、逆光成像和计算成像计量等典型问题，分析了计算成像与诸如元视觉、人工智能、基因等前沿科学热点碰撞可能会带来的成像革命，将引导并推动计算光学成像技术朝着更广阔的方向发展。

　　《未来视界：计算光学带来的成像革命》第 2 季的出版，定会进一步提高计算光学成像技术的研究水平，促进计算成像成果的应用和转化，加快光电成像领域优秀青年人才的培养。我谨向邵教授及其研究团队再次表示热烈的祝贺，并期待计算成像之花更加绚丽绽放。

中国科学院院士

王中宇

自序

坚持，是一种力量！

当你最无助的时候，莫过于写点东西；当你最困难的时候，莫过于坚持下来。当你挺过来的时候，你会发现坚持是一种力量，而且是最有力的那种。

我写计算成像专栏已近两年，从当初文章广受欢迎带来的惊喜，到后来阅读量下降了不少；从最初的热情称道到日趋平淡，甚至有一些人产生质疑和不屑，面对这些，我也曾有过一些犹豫。有人问我：你要写多少篇？我说把第 2 季坚持写完吧，具体多少篇我也不知道。也有人问我：你怎么有那么多内容可写？我其实也是在逼自己，想一想哪些内容还没有写到。更有人问：你这么忙，怎么还有时间写专栏？那些内容是不是你自己写的？你是不是把提纲列好，让其他人去填空？其实，这里面的大部分文字都是我写的，而且，至少有 1/3 的文字是在飞机上写的。因为在飞机上我睡不着，也上不了网，周围的人也都不认识，是噪声严重环境中最安静的时刻，也是我思路最敏捷的时刻，没有干扰，只有思考，伴随着阵阵键盘的敲击声，往往就有 1500 字左右的文字留下来，我记得最多的一次，竟然写了 2300 多字。那种有点小成就的喜悦挥去了我的种种烦恼，文字给时间留下了记忆，也会给读者带来一些新的观点。

《中国激光》杂志社的杨蕾总经理在 2023 年 12 月 19 日召开的年度战略研讨会中特别提到我，说她也学习我在飞机上写作，并当场朗读了她写的诗。我非常感动，因为我的一句话能影响到周围的人，除了我的学生，竟然还有我的朋友，这是何等的幸事啊！

平时，我的工作确实也很忙，因为公务出差需要向校领导请假，我自己也经常感到不好意思。但，事情多也要做，优化管理确实需要。欣慰的是，2023 年学院人均经费超过了 100 万元，几乎没有任何平台支持，靠的是政策的引领和大家的努力。在有些时候，确实也想偷个懒，但是看到李俊昌老师近 80 高龄还在坚持写作，我没有理由偷懒，于是，唯有坚持。

作为大学老师，教育最好的手段是言传身教。从自身做起，给年轻老师和学生做个表率，比千言万语都有用。我看到身边的年轻老师，跟着我一起努力，跟着我一起跑起来；我看到我的学生，在遇到迷茫和彷徨的时候，也能够跟上我的步伐，敢于去挑战困难。

计算成像快速发展的 10 年，已深入人心，无论在理论层面还是应用层面，都有新的突破。我对团队的要求是："只做别人做不了、别人做不好的事儿"，这需要付出更多的努力；同时，我始终坚持开放的心态，让更多的人参与其中。为了让年轻老师和博士生加快研究进度，我会以写专栏的形式公开我的想法，使他们有紧迫感。其实，写专栏文章还有一个好处，那就是问题思考得更深入，当我把初稿发出来之后，请年轻老师帮忙一起整理，一边讨论一边完善，他们也会更明白。

诚然，写专栏文章是一件很痛苦的事儿。尤其是在第 1 季中，最容易懂的、面更广的那些都已经写得差不多了，到底写什么，确是难事。于是，在头发一根根离开故乡的那一刻，我会列下要写的内容，时时感动兴奋，然而在不久后的几天，愁容依然会爬上脸庞，接着就是不断推翻再修改。

我会随身带着两件东西：电脑和照相机。有了新的想法后，我会马上打开电脑，在专栏文章的文档中把片言只语记录下来；可是过了几天，却想不起当时是怎么想的，于是又是一顿删改。

其实，我的专栏文章写作基本属于"即兴创作"，在几个孤立的时间片段中凑够 6000 多字，几乎就能交差，甚至在写完之后，我自己都不想去看了，是什么样就什么样吧。讽刺的是，我团队的一部分年轻老师也不看，学生看得就更少了，更别说买书了。与之形成巨大反差的是我的很多朋友在书上记笔记，更有很多人给我发消息、打电话，直言买了我的书之后，省下了大笔的咨询费，很值！也有人说：仔细读这些文章，会发现很多要研究的内容，思路开阔了不少。我也很关注读者的评价，欣慰的是好评居多。当然，也有好多人说书太贵了。在知识付费的时代，在免费已成习惯的当下，上千元用来吃饭喝酒从不心疼的人，却牢牢捂紧口袋，生怕 100 多元买本书吃亏，更别说花钱购买知识。我当然希望我的书能够畅销，我也很欣慰地看到我的书在京东销量排行榜中经常亮相，但我更希望我的文章能够通过网络传播得更远，让更多的人读到。

在第 2 季中，我总共写了 18 篇文章，与第 1 季相同。如果不是偷了几次懒的话，我想应该会在 24 篇左右。突然有一天觉得第二本书应该在 2024 年 5 月中旬出版时，心里"咯噔"一声，原来还差了不少文字，于是，只能咬着牙坚持下来。幸好，现在是寒假，时间相对多一些，尤其是春节期间，因为没有回老家的原因，这边又没什么亲戚，走进办公室，水仙花开得正艳，一股清香扑鼻而来，校园里静悄悄的，更没有人来打扰。这个独享的世界，恰恰是静下心来"补课"的时候。当然，我也经常会晚上一个人在办公室享受着这份孤独、这份宁静。

在这里，我要特别感谢我的师兄航天三院的张锋总师，他留给我的一句话，我一直牢牢铭记于心："做正确的事，然后去正确地做事"。在计算成像尚不为人知之时，我每次举办"计算成像技术与应用"研讨会时，都会拉上张总做大会主席，他给我出了很多非常棒的主意，也一直默默地支持我。可以说，写专栏这件事对我来说就是"做正确的事"。

2023 年，我经历了很多事情，有喜悦，有伤怀。在不被人理解的世界里，一句解释的话都算多。我经常会给人讲：有人会夺走你的权利，夺走本属于你的荣誉，却夺走不了你留下的文字。有些事情，我们决定不了，但是，我们却应该做好我们能决定的事情。我也经常说：去做 100 件事不如只做好一件事。

当写作成为一种习惯，当每天在朋友圈发自己拍摄的照片、配点文字，当每天坚持做正确的事，当每件事都能做好时，你会发现：那份独属于你的孤独，你的坚持，是多么的有力量！

感谢多年来一直支持我的朋友！感谢团队的年轻老师！感谢我的学生！感谢读者！

在这里，特别要感谢的是《中国激光》杂志社！没有杨蕾总经理和众多编辑部老师的支持，也不会有专栏的文章。

谨以此代序！

二零二四年正月初一于西安

目录

升维：
计算光学成像的引擎

光场是计算光学成像的灵魂，升维则是计算光学成像的引擎。

作为下一代光电成像技术，计算光学成像肩负着突破传统光电成像极限的使命，其本质是对光场的获取和解译。突破传统光电成像极限的前提是获取和解译光场的维度提升，如果没有升维，那么就不可能突破极限。这一点从热力学第一定律就应该认识到。热力学第一定律告诉我们能量守恒，也就意味着信息不可能无中生有。要获取更多的信息，那么一定要"做功"，这个"做功"的引擎，在计算光学成像中就是"升维"，也就是**通过维度提升，构建并解译出高维度光场信息，从而达到突破极限的目的。**

很多人要问：为什么说升维是计算光学成像的引擎？如何升维？是不是提升的维度越高越好？我们是不是要设计更复杂的光场？解译也算是升维的手段吗？

要回答这些问题，我们还得寻根溯源，找到真问题，才能达到我们的目的。计算光学成像的目标是"更远（作用距离）、更高（分辨率）、更广（视场、光谱）、更小（SWaP，体积、重量和功耗等）、更强（环境适应能力）"，围绕着这五个"更"，从根源上来分析约束传统光电成像的因素有哪些，产生极限的原因是什么；然后看能够实现光场升维的元素有哪些；如何将空间、时间、相位、偏振、光谱等多维物理量，作为设计计算成像模型的参数量，通过"升维"这个引擎，架起通向五个"更"的桥梁，生成预先设计的高维度光场，通过光场解译，突破传统极限。下面将按照这个线索展开论述。

1. 光电成像的极限

光电成像的极限是什么？回答这一"模糊"的问题，首先要看问的是哪个极限，产生这个极限的边界条件是什么？离开了这些前提，全是空谈。当然，还有另一个深层次的问题：什么是极限？很显然，当我们突破了某一个所谓的极限的同时，又构建了一个产生新极限的边界条件，于是又有了新的极限。

对于成像而言，我们更多关注的是作用距离、分辨率、视场的大小、系统的尺寸、环境适应能力等问题，也就是五个"更"的问题。这五个"更"都会涉及极限的问题。

（1）更远

首先，我们来看看更远的作用距离。在《未来视界：计算光学带来的成像革命》第 1 季（以下简称"第 1 季"）的《天下无雾：我们能不能透过那道雾霾？》一文中，详细地讲述了影响作用距离的因素。能量衰减与距离的平方成反比 $I_{\mathrm{P}} = \int_{\lambda1}^{\lambda2} \frac{I(\lambda)D^2}{16n^2R^2} \mathrm{d}\lambda$，距离越远，能量衰减越严重。

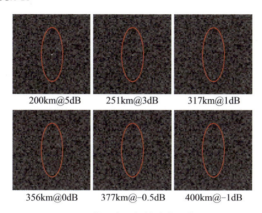

200km@5dB 251km@3dB 317km@1dB

356km@0dB 377km@-0.5dB 400km@-1dB

▲ 不同信噪比下红外成像示意图

其次是光在介质中传播的吸收和散射等引起的衰减，通常用大气透过率之类的统计参数简单描述，这当然是不得已而为之；然后是光学系统的透过率和探测器的探测灵敏度，决定着成像的质量；最后是算法的能力，也就是在几个 dB 下能探测出目标。除此之外，还要看目标特性，找出最佳的探测手段。在整个链路上，要想办法节省每一个 dB，从全链路的系统角度看问题，有助于提升作用距离。

很显然，在以能量探测为手段的前提下，提升作用距离的唯一办法是节省每一个 dB。在对抗情况下，我们面临的情况会更糟，图像信噪比会急剧下降，甚至失去探测能力。

从上面的分析看，探测器的探测能力和环境的干扰程度是影响作用距离的决定性因素，升维要重点考虑哪些元素对提升作用距离更有效。

（2）更高

从物理的角度看，衍射极限限制了光学成像的分辨率，而光学系统的有效口径决定衍射极限；从信号处理的角度看，超分辨率重建也提升了分辨率，尤其是以数据驱动为代表的深度学习带来的超分辨率重建，更是给人带来了耳目一新的感受；从探测器的角度看，超采样算不算超分辨率呢？不同专业的人对分辨率都有着自己的观点，出现这种情况的原因其实是对分辨率的定义不同。

▲ 更高采样频率带来的空间分辨率提升

在很多人的眼里，（空间）分辨率大多代表的是像素的多寡，比如高清的 1920×1024、4K、8K，其实代表的是采样频率。典型的案例就是手机摄影，动辄是吓人的上亿像素，可是手机摄影里暗藏的玄机很多人并不清楚，比如大多数时候我们得到的图像其实并不是最高分辨率，而是中间分辨率的妥协，原因是存储和计算成像耗费的时间等。这是因为手机的高像素多采用小像元，适用的环境多是光线极佳的静止状态，动平台往往不适用。因为在动平台下，有速高比在约束着，也就是说，当航空相机对地拍摄时，拍摄目标相对于航空相机系统的前节点存在运动而导致图像在像面上运动，图像运动补偿量与相机的曝光时间、速高比与相机焦距均成正比。

▲ 成像中运动模糊

在光学人的眼里，分辨率就应该是衍射极限在那儿管着！有效口径不可能做到无限大，即使做到几米也难度很大；光学合成孔径的路线探索了很多年，但进展不大，被动宽光谱的光学合成孔径更是难上加难。

（3）更广

我们对成像的要求是既要有高分辨率，还要有更宽广的视场。可是空间带宽积告诉我们，分辨率和视场存在着矛盾，那就意味着要想兼顾二者，只能拓宽空间带宽积，这当然需要升维。

在这里，还有必要把更宽广的光谱范围纳入到"更广"之中。对于"见所未见"而言，扩宽光谱范围是理所当然的，探测器的压力更大。

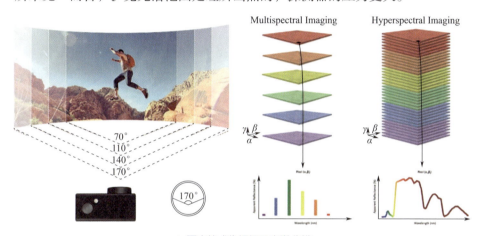

▲ 更宽的成像视场及光谱分辨

（4）更小

光电成像系统 SWaP 的迫切需求让我们想尽了办法，不仅涉及光学系统，而且还有探测器。探测器的小像元设计带来了体积的减小，典型的是非制

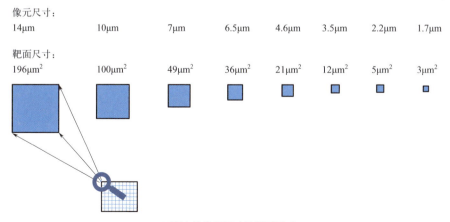

▲ 更小的像元尺寸及靶面尺寸

冷红外探测器由原先的 20 多 μm 变成了 12μm，甚至更小的 8μm、5μm，导致的直接结果就是与之匹配的镜头焦距变短，缩小了体积；另一个典型应用是手机摄像头，小到 1μm 甚至以下的像元尺寸，使得空间分辨率一下子变得很高，而镜头却很小，以至于现在的手机恨不得把背面全装上摄像头来表明手机不只是用来打电话。

人类的眼睛只有一个晶状体，而我们用的镜头却是由多片玻璃组成的。简化光学系统设计是目前很热的一个话题，尤其是微纳光学的兴起，让超透镜（Metalens）红遍了半边天，无 Meta 不简化似乎成了行业规律。但是，很不幸的是，Metalens 与衍射元件有相同的限制，那就是窄光谱设计。

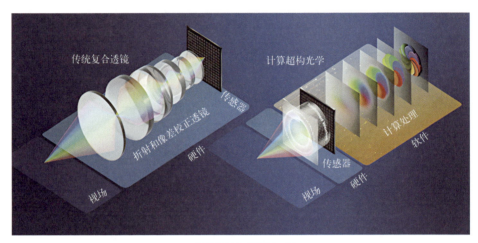

▲ 传统透镜与超透镜对比

那么，我们是不是也应该从升维的角度来看，如何简化光学系统设计呢？

（5）更强

更强的环境适应能力是光电成像梦寐以求的"奢侈品"，因为光电经常是看天吃饭的，考核的指标经常是能见度 10km 情况下如何如何。我们设计的这些系统即使在满足考核指标的条件下，也不能保证在烟尘、云雾和强对抗环境下的成像要求，于是，经常在很多情况下出现不得不用某系统却很不好用的问题。比如，在火箭发射时，我们想看到壮观的点火瞬间产生的巨大推力将火箭推向天空，可是，我们拍摄的场景往往是看到一团火却不见火焰，要么是见到清晰的火焰却看不到火箭，尤其是在水雾明显的天气下，那团火瞬间照亮了每个水滴微粒，形成了一道"佛光"影子笼罩在火箭周围。类似的情况在水下成像也会出现，照亮目标的同时也产生了强烈的散射。当然，还有更复杂的情况，当有强光对抗的情况下，还能不能成像？

▲ 云雾缭绕与火箭发射尾焰"佛光"

很显然，传统的去雾、增强等算法通通失效，不依靠物理过程肯定不行；我们必须借助于更多的信息来破局，于是，就产生了升维。

2. 光场与光电成像能力的雷达图

计算成像的本质：利用**物理光场投影信息去解译更多光场信息**。全光场的信息一般很难同时测量获得，在计算成像的应用中，更多的是将光场的某几维信息进行组合，**实现更高分辨率、更远成像距离、更广成像视场、更小光学系统及更强适应性的目标**。

那么，我们来摸摸底，看看有哪些素材能支撑升维。在第1季《光场：计算光学的灵魂》一文中，我们详细地论述了光场中的基本要素：时间、空间、强度、相位、偏振、光谱和轨道角动量等。有了这些素材，根据五个"更"的需求，就可以画出一个计算成像引擎的雷达图。

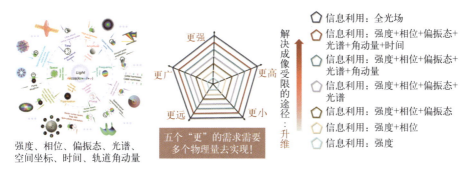

▲ 物理光场多维度及计算成像引擎升维概念图

传统的光电成像中，我们往往依靠的是单一的强度信息，从雷达图上很容易看出成像的能力很弱。这是因为受探测手段的限制，理论上讲，相位与时间、空间都是平等等价的，但是我们的探测器只能探测强度，其他信息多要依靠强度进行反演。当探测器仅接收强度信息时，我们观测到的世界是灰度的，当引入相位信息时，我们就可以看到原先"透明"的目标；当再加入偏振信息时，我们又可以实现更有挑战性的事情，比如透雾霾成像、偏振三维成像，等等；随着引入分光元件获取光谱信息后，世界变得缤纷多彩。当把轨道角动量引入时，我们会发现探测能力好像得到了提升；当增加了时间维度后，探测能力进一步增强。随着探测维度的增加，系统获取的信息量逐渐提升，有效利用这些信息可以帮助我们提升系统成像能力。当我们可以获取光场多维度信息时，就可以实现更加复杂的事情，包括光学操控、显微、传感测量、天文、非线性光学、量子科学和光通信，等等。

在上面的雷达图上很明显能看到，随着维度的提升，光场可调谐的信息越多，支撑五个"更"需求的能力就越强！

3. 升维的几个例子

升维是什么？升维其实就像炒菜，不是把一堆食材和作料拌在一起就行了，而是需要烹饪的过程和技巧。比如做一盘葱爆海参，必备的食材海参和大葱、酱、盐、糖等原料是必须要具备的，但要做好这道菜需要考验厨师的水平，比如糖放油里烧多久才能放海参，海参要炒多久才能保证又入味还有咬头；葱什么时候放，要加酱烧多久才能出锅，等等。而光场的升维跟做菜异曲同工，讲究的是维度元素如何有机地与应用结合起来，"烹调"出满足某一"菜谱"的高维度光场信息，从而实现解译出更多光场信息的目的。

下面列举几个升维的例子。

（1）偏振三维成像

人类生活的客观世界是包含了"长、宽、高"的三维空间，而传统光电成像是对空间信息在强度维做投影，丢失了客观世界的深度信息，极大降低了对场景的感知能力，就像炒菜过程中忘放了盐，可以果腹，但是难以称之为美味。科学家在努力"烹饪"场景三维信息的过程中发现，偏振是一个有效的"调料"，通过偏振信息的加入，再辅之以相应的处理方法和技巧，能够实现被动、高效的场景三维重构，实现场景高维度信息的解译。

对于加入光场的偏振维度实现场景三维重构的过程，简单来说，就是通过引入场景的偏振特征信息，能够求解出图像中每个像素的法向量，逐点遍历即可重建出整个三维场景，而其中最考验"厨师"技巧的过程莫过于对不同复杂场景下像素点法向量的奇异性进行矫正，这就需要充分利用、整合升维后的光场信息，实现法向量的唯一性求解，确保三维场景重建的准确性。第1季《偏振为什么能三维成像》一文中有详细的论述。

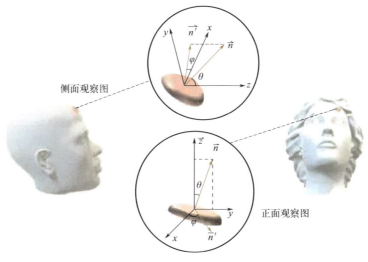

▲ 偏振三维成像原理图

当然，除了偏振，还有诸如多视角、条纹投影、干涉全息，以及飞行时间等信息升维的方式，可以在不同应用背景下实现场景光学三维的重构。

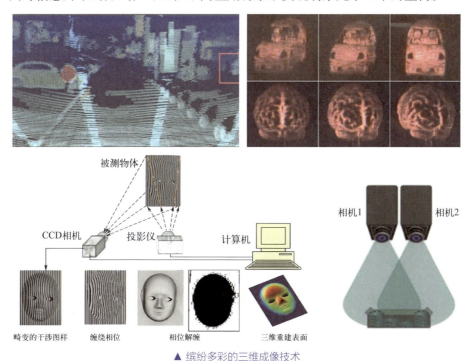

▲ 缤纷多彩的三维成像技术

（2）结构光照明超分辨率成像

计算照明还有一个非常重要的功能，那就是提升光场维度。结构光照明是一个很直观的例子，它有两个显著的优点。其一是实现了从二维图像到三维空间的升维过程，即结构光三维成像。它的原理就像我们小时候玩的立体拼图一样，利用投影技术，将调制后的周期性光场信号投影到物体表面，反射的光场信号会因形貌变化而发生相位的变化，从中解译出高度信息，从而重建出物体表面的形状信息，实现三维成像。

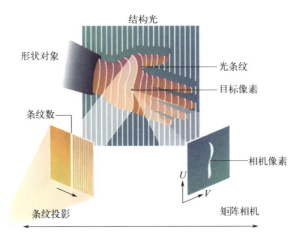

▲ 结构光照明成像示意图

结构光照明的另一个优点是可以让我们看到更加清晰的图像，即结构光照明超分辨率成像。它的原理可以简单理解为莫尔条纹现象。莫尔条纹是两条线或两个物体之间以恒定的角度和频率发生干涉时产生的视觉结果。两个

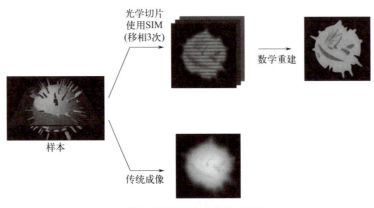

▲ 传统成像与结构光成像对比图

空间频率相近的周期性光栅纹样重叠后，产生有别于原图形的第三种可见花纹，这种光学现象中的花纹就是莫尔条纹。根据莫尔条纹的原理，将照明光改造成周期性的结构光场，在成像过程中，照明光场与被照明物体组合成莫尔条纹，将原本不可见的高频信息显示出来，再利用特定的算法，解译出待测物的高频信息，实现超分辨率成像。

从升维的角度来看，结构光照明就是构建高维度光场信息的过程，将原来只包含强度信息的平面光提升为携带相位、偏振等高维度信息的结构光场，结构光场与物体相互作用完成信息的调制，再利用数学运算解译出物体的隐藏信息。结构光照明实现了从二维图像到三维空间的升维过程，并通过投射更高频率的光图案，进一步提高了空间分辨率，实现了超分辨率成像。

（3）全息成像

强度和相位作为光场的两个基础维度，在成像过程中发挥着重要作用。传统成像过程中，由于探测器或其他感光物质只能对强度响应，导致相位信息在成像过程中丢失。如何在成像过程中同时记录强度和相位信息，把传统单一强度成像升维到"强度＋相位"这样一个模式，"调味料"的选择必不可少。全息成像巧妙地利用了"干涉"这个像白胡椒一样的调味料，将光场中的强度和相位信息都"勾"了出来，实现了强度和相位信息的同时记录。

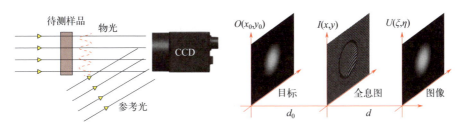

▲ 离轴数字全息图记录光路及成像模型图

全息成像利用物光波和参考光波干涉，将相位信息编码到干涉条纹中并被探测器或干板等感光器件记录。通过对干涉条纹的数值或光学解译后，就能够获取到光场的强度和相位信息，实现从"强度"维到"强度＋相位"的二维光场。目前，全息成像被广泛应用于宽场、非接触、无损的相位成像中，如生物组织、细胞的三维成像、MEMS 表面形貌的三维变化、流场的实时监测等。

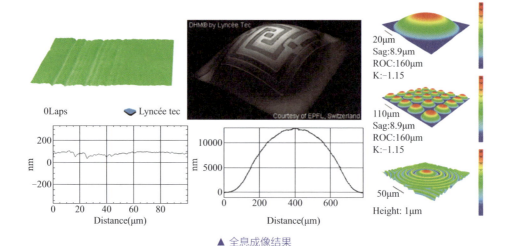

▲ 全息成像结果

（4）宽光谱散射成像

为了有效利用超宽带光源成像及提升弱光条件下的散射成像能力，利用宽谱照明实现透过散射介质成像是一个绕不开的话题。传统的散斑相关成像技术高度依赖于获取散斑的对比度，仅在照明光源的谱宽较窄时（约30nm）表现良好。由于宽谱散斑的低对比度，在强度域中难以实现宽谱散射成像。针对连续宽谱散斑中的弱相关及解译性差等问题，综合考虑多波长散斑的自相关项贡献与不同波长散斑互相关项贡献，将散斑变换至倒谱域中，实现目

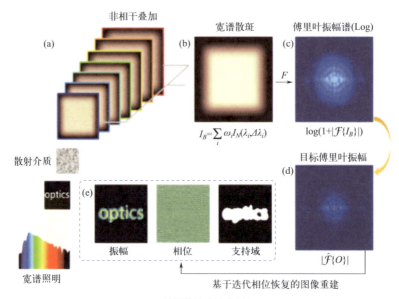

▲ 基于谱纯化的非侵入

标信息与宽谱点扩展函数之间的线性分离，提出了基于谱纯化的单帧非侵入式宽谱散射成像技术，以及基于凸优化的单帧侵入式宽谱散射成像技术。充分利用计算成像技术的优势，将光学复杂度用计算复杂度来替代。两种技术均可实现覆盖可见光波段的 $\Delta\lambda = 280\text{nm}$ 宽谱散斑的高分辨率散射成像解译。

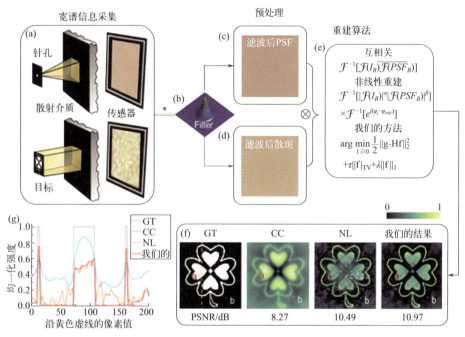

▲ 侵入式宽谱散射成像模型

除了对散斑进行变换域分析外，同时考虑散斑场的强度及偏振维度也可

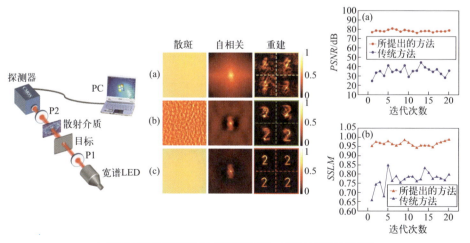

▲ 偏振共模抑制宽谱散射成像实验光路、实验结果及结果对比

以实现宽谱散射成像。基于不同偏振方位角调制的散斑光场强度的自相关函数差异性，进行函数拟合，可有效获取散斑场中含有的目标信息与干扰信息占优的两幅图像，利用偏振共模抑制特性，抑制由光源谱宽展开引起的干扰信息项，使得散斑场强度的自相关信息与目标的自相关信息近似相等，再结合相位恢复算法，即可从散射光场中重建出高对比度、高信噪比的目标图像。

（5）数据驱动的增强成像

现有的光电成像技术能够被调制、评价的参数因子有限，并且相互独立，无法建立起统一的全局优化成像方式和系统，就像把龙虾、鲍鱼和牛肉等顶级食材一起下锅，没有考虑不同材料最佳的烹饪时间，造成最终"菜品"甚至达不到 1+1=2 的效果。

计算成像过程涉及光源、目标特性、介质、光学系统、探测器等多个子系统，各个子系统中又包含不同的参数因子，因此需要将成像全过程因子统一考虑，设计基于计算成像的广泛自由度评价系统，并获取大量真实的图像数据，对不同的复杂成像环境实现基于数据驱动的系统标定与优化，实现不同场景下的更强的光场信息解译。

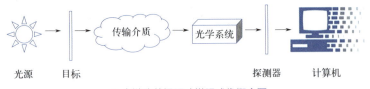

▲ 全链路数据驱动增强成像概念图

（6）逆光成像

传统成像点对点、一一映射的线性成像模型，决定了最终成像结果还是完全依赖于探测器的性能。以工业相机为例，当数字图像输出通道为 8 位深，也就是我们所谓的 256 级的灰度响应的情况下，即便完全利用探测器的能力，其成像动态范围 $20\lg(I_{max}/I_{min})$ 也就大约在 48dB 的水平。但拍摄现实场景时，其亮度变换范围是极为宽广的，因此成像时往往对明亮的地区可能曝光过度，而黑暗的区域可能曝光不足。就像请一位五星级酒店大厨做了一桌山珍海味，但供给一位丧失了味觉的食客品尝，再精妙的细节调味也不会得到任何反馈。实际上，像夜间对向车辆开着刺眼远光灯等视场中存在逆光的情况比比皆是，动态范围不足引起的弊端更为突出。

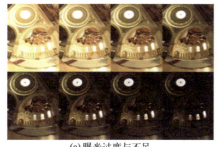

(a) 曝光过度与不足   (b) 夜间的刺眼远光

▲ 典型逆光成像场景

那么，这种逆光成像的问题有没有可能通过升维来解决呢？答案是肯定的。传统点对点成像的单一强度信息感知解决不了逆光问题，那我们就在别的维度处理。把时间维度引入其中，用时变的角度观测逆光场景，从而把弱目标与强逆光源分离开，不就可以实现逆光成像了吗？时间上能升维，空间上同样也可以升维！不再依赖点对点线性映射的成像方式，而是在空间上进行调制、分布上进行升维，同样也能实现一样的效果。

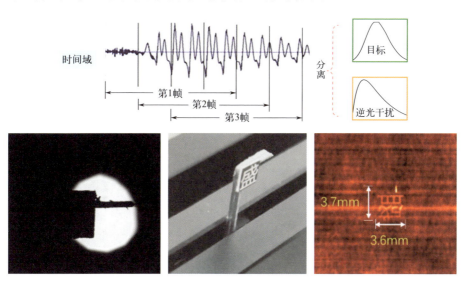

▲ 逆光成像结果

4. 升维的终极是计算探测器

从上面的这些例子中，我们很容易发现一个问题：所有的升维都离不开探测器的强度探测，而正是这种单一探测手段，使得升维的问题变得更加复杂；同时，探测器的平面设计也给光场设计带来很多限制，尤其是与视场有关的因素。因为探测器是决定高维度光场映射的最关键因素，如何将探测器设计成高维度光场投影最优，是升维的终极目标。这也就意味着，有了专用的计算探测器，实现升维就变得更加简单。我们期待那一天的到来！

计算光学成像升维

之大话篇

计算光学成像由十年前的"小学生"步入了大学殿堂，越来越受到重视。从文昌卫星发射基地试验归来的东东，心情异常激动，他的专业方向就是计算成像。那天晚上，东东睡得很晚，闭上眼睛，想着当天晚上"天舟6号"发射的情景，心里还在琢磨着2023年计算光学成像被列为达摩科学院未来十大发展方向之一，还被列为宇航领域十大科学问题和技术难题之一，不知不觉他进入了梦乡，做了一个神奇的梦。

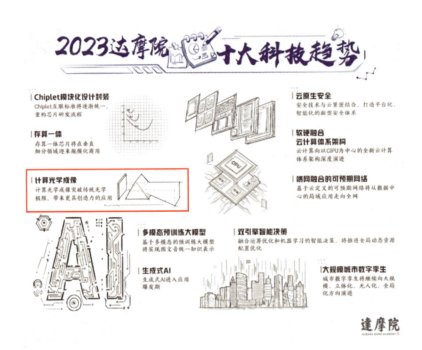

▲ 达摩科学院未来十大发展方向

▲ 宇航领域科学问题和技术难题

喜欢读《西游记》的东东梦回长安，梦见了他最喜欢的孙悟空。虽然，东东不喜欢后来打妖怪犹犹豫豫的悟空，他问："大圣，你大闹天宫的风采让人振奋，三打白骨精时威风凛凛，也颇为痛快；但后来，很多妖怪本事也不大，你怎么动不动就不敢打了啊？"悟空却说："你给我来杯咖啡吧……"

良久，悟空说："最近西方有一群妖怪又开始作怪了，偷窥我大唐美好山河，兴风作浪，欲行不轨之事，其心昭昭。师傅说，这几年带着我们师徒几人研究计算成像，也该出手教训他们一下了……"

东东瞪着大眼，问："你的火眼金睛属不属于计算成像？"悟空呷了一口咖啡说："你知道二郎神吗？"

1. 第三只眼

"东东，二郎神的特点是什么？"悟空问。

"三只眼睛！"东东抢答。

"那你知道他为什么有三只眼睛吗？"悟空又问。

"他是千里眼啊！"东东不假思索。

"哎，你看，东东，读博士了怎么还是学不会主动思考啊？比你导师还是差远了。"悟空遗憾地摇了摇头，继续道："二郎神那么恨我，其实更因为我师傅。我师傅嘲笑他的出身，其实就是二郎神千里眼的答案！"

东东瞪大了眼睛："什么，还有秘密？"悟空说道："因为他妈是神仙，他爸是凡人，生了个混血，却长了三只眼睛……"悟空极不厚道地笑了笑，那一年，二郎神害得他好苦。

"二郎神小的时候受尽了欺负，因为跟别的小朋友不一样，早早就辍学了，只有班里的小倩同学不嫌弃他，还送了他一只玉兔。其实，这也是二郎神性格形成的原因。不过，这家伙四肢发达，也颇有些力气，头脑也不简单。有一天，他的那只小兔子走丢了，情急之下竟然打开了第三只眼，结果呢，你猜怎么着？他很快就看到了远在几公里外的小兔子。他明白了，所谓开了天眼，其实是他妈妈赠送给他的礼物。"悟空问："你知道这是为什么吗？"

东东说："开天眼了呗！"

悟空摇了摇头，语重心长地说："这其实就是计算成像中的'升维'！他这只不同于凡人的眼睛，相当于焦距很长，而且能够穿透云雾，甚至可以穿越千山万水，'见所欲见'。他的这只眼睛平时关闭，一旦打开，就开启了维度提升模式，不仅可以把偏振、相位、光谱等多物理通道打开，而且还开启了大脑的高速数据处理模式，这就是所谓的'计算处理'，这一顿操作下来，竟然把大气、云雾、沙尘和水等介质变得'透彻'，无论是白天还是夜里，也无论处于何种环境下，什么也逃脱不了他的这只'第三只'眼……"

说到这，悟空凝望了一下星空，再次回忆起当年与二郎神大战之情景，愣了愣神，意味深长地说："他本事很大……"

东东顿悟道："大圣，你看，现在的光电吊舱也是由可见光、中波红外、长波红外和激光雷达构成的，有的还备有短波红外相机，这也是多只眼睛啊！为了看得更远，这是不是也是升维啊？"

▲ 光电吊舱

悟空说："你要说算也只能说勉强算吧。这些相机多配备 10 倍以上的变焦镜头，多个波段同时观测，以弥补单一谱段的不足，但这跟二郎神比可差远了！虽然可以切换到长焦看得更远，但是，透雾能力很弱，环境适应性也差，一旦遇到了云雾，那更是无能为力，'靠天吃饭'的标签牢牢地钉在光电装备上。'看不远，看不清'，不好用，却不得不用。这次卫星发射，你就能看出来，天气看起来很晴朗，可是从 8km 外穿越海面看发射塔，影影绰绰，水汽带来的大气扰动十分明显，结果就是看不清楚。即使换成不同的波段，这些问题还是不能彻底解决。现在的这些光电吊舱，在二郎神的眼里就是一堆简单堆砌、没有灵魂的废铜烂玻璃。**二郎神才是升维的大行家，他把时间、空间、光谱、偏振、相位等信息有机融入他的第三只眼，做到了收放自如，达到了'见所欲见'的目的。**而且，在有些时候，他还能'眼放金光'，使得天下之事皆收眼底。其实，这是他采用的主动光场调制的方法，可以实现'见所未见'。再高档的显微镜、望远镜，对二郎神来说，也是低级得不能再低级了……"

▲ 偏振、光谱、相位的融合

悟空突然回忆起当年他与二郎神大战之情景，幽幽地说："玉帝看中二郎神的绝不是他们的血缘关系，这独一无二、不可复制的本事才是他能立稳天宫的根本！能跟我老孙打成平手的不多啊，二郎神的确是'升维'的高手！"

说到这里，悟空说："还有一个高手，你知道吗？"东东摇头。悟空道："那人就是我的好朋友敖丙，他可是水下看得最远的神仙，你知道他是怎么看的吗？"

2. 遨游东海的少年

东海太子敖丙有一个美好的童年。他的父亲是东海老龙王，视力在慢慢地变差，几十米外水里的东西就看不清楚了。好消息是敖丙的视力却惊人，达到了令人传奇的程度，他能看清楚东海几公里外的物体。

"东东，你知道这是为什么吗？"悟空问，东东摇头。

要知道，水下的世界远远比陆地上复杂，生物也多，水质也随着区域的不同而发生变化，即使是清澈的海水，现在的"高科技"最多也就看到百米左右。这跟敖丙比那就是小巫见大巫，根本不在一个量级。

▲ 大海中的世界

"你知道这是为什么吗？"悟空盯着眼神迷离的东东，继续讲下去。

敖丙可能是因为从小吃海参龙虾之类高级海鲜吧，他的眼睛跟一般人不一样，具体的特点如下：

① 眼睛瞳孔可以张开很大，据说 F# 达到了 0.75；

② 视网膜有密有疏，相当于有的感光细胞感光面很大，灵敏度极高；

③ 视力感光谱段从紫外到短波红外，而且还带偏振；

④ 他的眼睛还能发光，而且发出来的是动态调制的光，能够适应不同水质的海水；不仅传输得远，而且具有回波过滤功能，可以将其他杂波一概滤除。

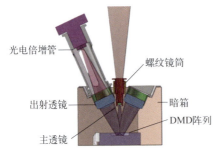

▲ 水下成像系统

悟空说："我看到眼睛能发光的还真不多，二郎神算是一个，这个敖丙也是一个。这个敖丙的本事也真是大，发出去的光似乎有了自己的思想一样，返回来统统能识别处理，这对环境干扰来讲，什么都不是问题了。我也曾经问过敖丙，是不是你这里有量子纠缠啊？敖丙却顾左右而言他，含糊地说：'我不懂什么纠缠不纠缠，闹上门来的我就打！别在我这里死缠烂打'。其实，他这是故意的，凭着敖丙的智商，哎……"

东东懵懵懂懂，似是而非地说："这么神奇啊！"

悟空有点怀疑地瞥了他一眼，道："现在做计算成像的人越来越多，但很多人还没有把计算成像的内涵搞清楚呢！你到底看没看过那篇《量子成像'量子'不》？其实呢，我分析啊，这个敖丙一定是用了高阶关联成像方式，而且，他用了非相干光合成孔径技术，可以说是把水下成像能想到的基本都用上了。你看看，他升维的维度有哪些呢？"

东东说："应该有光谱、偏振、相位……"

"其实，哪止啊？！做学问，需要悟性啊！现在很多学生，上课不抬头，只带着手机就来听课了，更别说思考了！"悟空仰头倒了倒那杯已见底的咖啡杯，茫茫然……

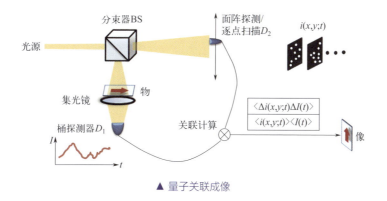

▲ 量子关联成像

3. 小时候喜欢看太阳的石猴

悟空接着说："东东，你能看到从太阳那边飞过来的无人机不？"

东东手搭凉棚，眯着眼睛看了一眼，差点被太阳的光芒灼出内伤来。悟空淡淡地说："我还是个石猴的时候，就特别喜欢盯着太阳看。"东东瞪大眼睛说："你不怕光？"

悟空不屑地道："我怕过什么？有个日耳曼人说：唯有太阳和人心不能直视。而我恰恰是那个例外。"

东东的眼睛瞪得已经要超越极限了，发出了灵魂之问："为什么？"

"哈哈哈，那是因为我患有天生的白内障！"悟空调皮道，"一般人都认为白内障很可怕，严重影响视力。不过呢，的确如此。人的眼睛遇到强光后，第一反应是缩小光圈，就是瞳孔缩小。可是，时间长了，眼睛依然受不了。如果长时间处在强光之下，眼睛就开始本能地想阻挡更多强光入射进来，于是，就有了白内障。有的白内障对人影响不大，有的却很严重，甚至导致失明，这与白内障长的位置和严重程度有关。"

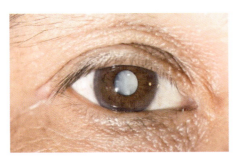
▲ 白内障患者的眼球

正常眼球

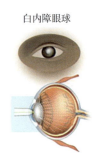
白内障眼球

▲ 人的正常眼球和白内障眼球对比

　　悟空慢悠悠地说："我这个宝贝'白内障'其实是一副无比精密的光学编码器，天生用来看强光的。而且呢，当光线暗的时候，'白内障'自动消失；而一旦光线强了，它就会像你们用的那个毛玻璃（磨砂玻璃）一样，抵御强光入射眼睛。当那些妖魔鬼怪想顺着太阳光直射的方向过来偷袭时，我迎着太阳看过去，跟你们顺光看过去的效果一模一样，清清楚楚。你知道为什么吗？这副'白内障'的强度调制恰好做了匀光处理，入射到我眼睛里的光线强度没有超过阈值，所以我没有感到任何不舒服。但不同的是，在强光入眼的那一瞬间，我看到的是茫茫一片白，没有任何清晰的影像。也就是在那个时候，我的大脑在刹那间启动了'白内障'的编码功能，能够在白茫茫的一片中看到一个个有逆光过来的轮廓，然后迅速发出一束精准的光照射到每一个轮廓，这些轮廓随着光速传播的时间渐渐清晰起来，什么妖魔鬼怪都逃不出我的火眼金睛！这个过程，也就是你们老师说的'升维'。"

4. 太上老君无意中送给悟空的礼物

　　东东不好意思地问："你能说说你的'火眼金睛'吗？"
　　悟空道："我正要说这事呢，其实，这也是一种升维。"
　　"怎么又是升维？"东东嘟囔着。
　　悟空说："升维的维度其实分两部分：一部分是成像用到的维度，也就是时间、空间、相位、偏振等这些原材料；另一部分呢，则是升到的那个维度，比如看得到的三维空间、光谱维度，等等。其实我这么说，你也不一定能明白。"

▲ 事物的光进入人眼

悟空问："你知道'形象'这个词吧？"

东东说："我小学就学过。"

悟空不屑地说："可是，你未必懂。这个词由形与象两个字组成，汉语中的很多词是蜕变而来的，很多两个字的词都是由原先两个代表相同或不同意思的字蜕变而成，语言变得越来越啰唆，文学也由诗词到戏曲，再到小说，字数越来越多，生怕说不清楚似的。'形'，其实指的是外在，而'象'则是抽象的本质。"

接着，悟空继续道："你们可能都以为我的火眼金睛能看出妖怪的原形，你们看的主要是这里的'形'，其实，都错了。原因呢，就是你们还处在低维度的思考模式中，根本跳不出来，这也是计算成像发展缓慢的原因！"

悟空看了一眼愣愣的东东，哼了一声，说："其实我不但可以看到'形'，而且能透过'形'看到'象'，也就是本质。太上老君的三昧真火真的厉害，烧得我浑身难受，熏得我几乎窒息，我一直闭着眼睛；忍无可忍之时，我睁开了眼睛，突然一股热流直入我的双眼，我心里一惊：完了！可是，入眼之后才发现这股热气竟然进了我的丹田，慢慢渗入我的大脑；紧接着，我惊奇地发现：太上老君的炼丹炉变得透明，而且周围的世界发生了天翻地覆的变化，凡入我眼之物都大大地写上字、贴上了标签一般，什么真伪，一看便知。"

东东惊得突破极限般地瞪圆了双眼，道："你看到了光谱？"

悟空说："你说的那些都是'形'而非'象'，我看到的是'象'，可能就是你们现在所说的那个什么新'视'界。呵呵……我看到的不光是光谱，光谱、偏振、相位，这些东西到我的眼里已经全部变成了'象'，如果说数据量，可能只有几千字节（KB），不像你们现在的成像光谱仪，一幅照片就几十兆字节（MB），查个东西要几天，还分辨不清楚……你现在知道我为什么能看得透明吧？"

"X 射线？"东东说。

"当然有 X 射线，而且还有你们现在说的太赫兹，其实那时候我们叫极远红外，"悟空说，"其实，我看到的世界跟你们看到的完全不一样。你想想，你们只能感受可见光 0.38 ～ 0.78μm 这么窄范围的光信息，还以能看到五彩缤纷的世界而感到自豪！但是一旦超越了这个维度，人类好像就没办法理解了。你去看看那些所谓的可见光 / 红外融合之类的图像，那能表达出什么意思呢？无非是把两幅以上的多谱段图像合成在一个维度，做了个查漏补缺，号称解决了什么难题。这本质上是降维。跨越多个谱段的探测器怎么做、图像怎么显示，似乎都是难题。说白了，你们看到的是一个很低维度的图像，连'形'都没有做好；而我看到的不仅仅有'形'：丰富的光谱、超宽的光强范围、超越全息'n 维'视觉……，而且还有这些内容形成的'象'。这就是所谓的'见所未见'。当然，我知道你们理解不了什么是'象'，那是因为你们的思维一直处于低维度……"

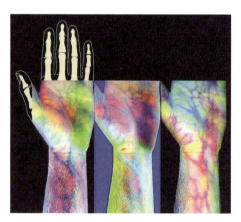

▲ 高光谱图像

5. 谁是高手

东东说："我怎么感觉你比我导师还牛啊？我觉得他一说那'升维'就让我醍醐灌顶了。那你说谁是高手？"

悟空说："哼，什么'升维'，这些都是你们造的词，好像有多么高大上一样。这个世界上的基本规律就那么几条，哪有你们想得那么复杂！我说啊，要说是高手，这个世界上还真有。你看看是不是有很多人还是在默默地做事，把计算成像装备发上天了、下了海的，还有在手机中应用了的，这些人都是高手！"

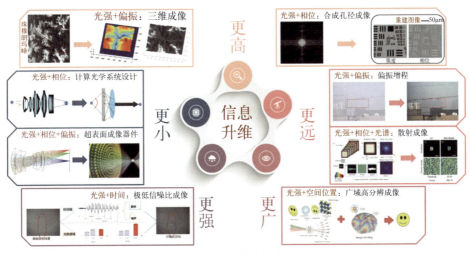

▲ 光场的多维信息利用

接着，悟空又道："现在啊，你们做的所有成像都没有摆脱动物的视野，比如蝙蝠的雷达、蛇的红外、龙虾的 X 射线、虾蛄的偏振……你们人类的想象力太弱了。未来'视'界，到底是什么？其实，你们统统都没有概念……"

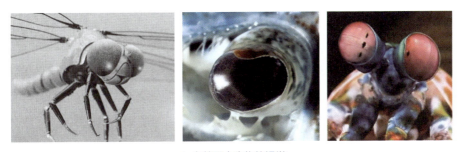

▲ 自然界中生物的视觉

"东东，醒醒，我们该出发回长安了……"同行的西西推醒酣睡中的东东，原来是南柯一梦。

计算介质：摘掉光电成像的「白内障」

地点：北京

时间：2023年6月3日上午10：00

人物：司令、参谋长、总师、首席甲、首席乙、首席丙、首席丁等

刚做完白内障手术康复后的司令感觉今天视力特别好，原先模糊的视力一去不返，像换了个天地，平时连总师脸都看不清楚的他，现在连总师嘴上起了几个小水泡都看得清清楚楚。再转头看到参谋长头顶油光锃亮的"地中海"，仿佛就像大院转弯处放置的凸面镜，直接起到了会场无死角监控的作用。司令的嘴角略微上翘，下意识地摸了摸头发亦不多哉的头顶，然后拿起了水杯喝了一口水，清了清嗓子，对参谋长说："开始吧。"

参谋长点了下头，对着麦克风说："今天某巡航弹打靶试验的总结会，我们重点讨论一下在能见度还不错的情况下，分析对地面移动靶标脱靶的原因。下面，请总师做情况分析。"

这时，总师的脸色铁青，硬着头皮地打开PPT，开始了他的报告。报告的核心部分其实是分析打靶时的视频录像。打靶试验当天的能见度是8 km，晴间多云，在试验前几天下过大雨，湿度有点大。总师正在播放着视频，当隐隐约约出现目标时，司令喊道："停！"而此时，正好有一丝薄云飘过，画面恰好处于目标难以看清的状态下。

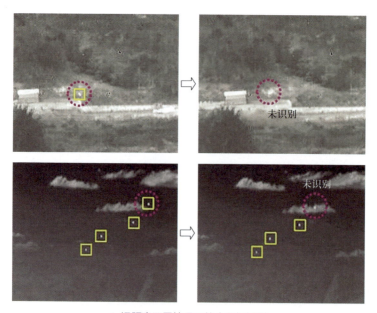

▲ 远距离不同情况下的小目标探测

"解释一下。"司令说。

首席甲说:"那天的能见度比较差,水汽大,在运动平台下,电视和红外的成像效果都不是很好,信噪比低于3……"

1. 术语解释

白内障:凡如老化、遗传、局部营养障碍、免疫与代谢异常、外伤、中毒、辐射等原因,皆能引起晶状体代谢紊乱,导致晶状体蛋白质变性而发生混浊,称为**白内障**。此时光线被混浊晶状体阻挠无法投射在视网膜上,导致视物模糊。

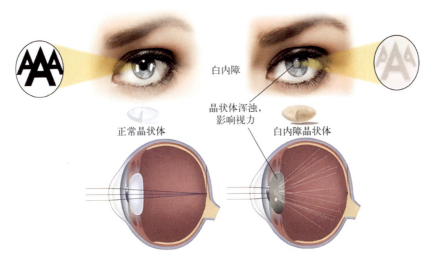

▲ 白内障晶体与正常晶体对比

人造晶体:人造晶体是经手术植入眼睛里代替摘除的自身混浊晶体的精密光学部件。它通常由一个圆形光学部和周边的支撑袢组成,其光学部的直径一般为 5.5 ～ 6.0mm。

▲ 人造晶体

白内障摘除手术： 天然的晶状体具有一个囊袋，即晶状体囊。按照手术摘除时，晶状体核与囊袋的关系，分为囊内摘除和囊外摘除。摘除浑浊的晶体后，往往还要放入一个**人工晶状体**，人工晶状体的位置可以放置在前房或者后房，在后房又可以放在囊内或者囊外。放置人工晶状体除了可以恢复视力外，还可以恢复眼内的解剖关系，防止前部玻璃体的脱出，如果前部玻璃体从玻璃体腔内脱出到前房并且和角膜或者虹膜组织相粘连，可能会对视网膜造成牵拉。

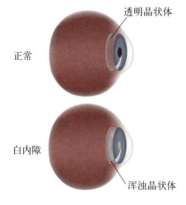

正常　透明晶状体

白内障　浑浊晶状体

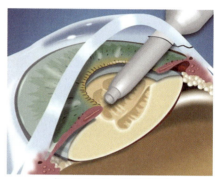

1. 将浑浊晶状体去除(超声乳化)

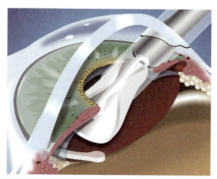

2. 将一个透明的人工晶状体植入晶状体空囊

3. 人工晶状体(IOL)植入完成

▲ 白内障摘除手术

光电成像中的介质： 光电成像中经常遇到的介质是空气和水，受其他环境因素影响，烟尘、云雾、霾等也是成像过程中必须面对的介质。这些介质的特点是对不同波长的光波吸收、折射、散射等性质不同，会造成一定程度的能量衰减，降低成像信噪比。介质对成像的影响主要表现为对比度变差、图像畸变、信噪比降低。通常采用统计的方法描述介质的特性，比如大气透过率。而畸变则多采用自适应光学的方法应对。

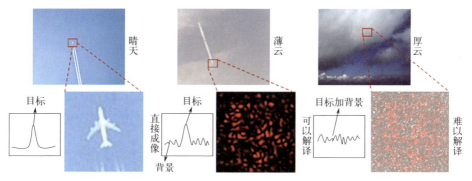

▲ 光电成像受传输介质影响

计算介质：计算介质是计算光学成像中重要的组成部分，作为全链路一体化设计的一部分，以"编码"的形式出现在成像过程中，对光场进行调制。不同于传统光电成像单一维度（如大气透过率 τ，通常为一个常数）的消极描述方法，将介质作为一种"编码"的**积极方式**来考虑，用更高维度的光场元素（时间、空间、相位、偏振、光谱等）描述光场的变化，即介质变为一个由高维度元素构成的函数 $M(x, y, z, t, \varphi, P(DoP, \Phi), \lambda\cdots)$。

▲ 由高维元素描述的传输介质

计算介质其实是一种对传统成像中介质的"升维"，也就是说，它不仅考虑了光波的吸收问题，而且对于折射、散射等因素都综合考虑到"编码"层面，将原先的一个简单系数拓展为一个复杂函数。

那么，如何来解译这个复杂函数，如何做好"编码"呢？

2. 症状：视物模糊

天生"白内障"的光电成像最典型的特点是视物模糊，表现跟人眼的白内障症状相似。但不同的是，人眼的视力再好，受角分辨率的影响，也只能看比较近的场景，这是因为"定焦"的晶状体造成的；而光电成像则多是看几公里甚至上百成千公里以外的目标，远距离的大气传输特性给我们带来了非常大的麻烦，以至于我们看到的图像雾蒙蒙一片，目标模模糊糊，甚至压根什么都看不到。

▲ 在不同距离下的光电成像效果

不同于离焦模糊和运动模糊，因为介质引起的视物模糊实际上是因为大气扰动和能量衰减造成的目标不清晰，也就是焦面上看不到清晰的像，犹如在报纸上放了一块毛玻璃，下面的字也就模模糊糊了。

▲ 离焦模糊与清晰场景

▲ 运动模糊与清晰场景

其实观察仔细一点，还会发现在不同焦距下，"白内障"的表现也不同，焦距长时，似乎"白内障"更严重一些。

3. 诊断：光电成像的"白内障"的成因

在传统的光电成像模型中，经典大气散射模型常描述为：

$$I(x) = J(x)T(x) + A[1 - T(x)], \ T(x) = e^{-\beta d(x)}$$

式中，$I(x)$ 为观测图像；$J(x)$ 为"干净"的无雾图像；A 为全局大气光；$T(x)$ 为传输矩阵；β 为大气散射系数；$d(x)$ 为作用距离。

改写一下这个公式，就可以得到"去雾"后的图像：

$$J(x) = \frac{1}{T(x)} I(x) - \frac{1}{T(x)} A + A$$

很显然，求解这个方程就要估计大气传输矩阵 $T(x)$ 和全局大气光 A。

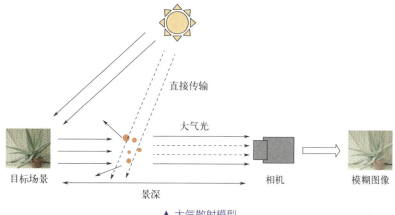

▲ 大气散射模型

这个模型已经很有意思了，既考虑了大气传输矩阵，又考虑了全局大气光，前者会造成光的吸收和散射，直接结果就是探测能量降低，信噪比变差；而后者则会造成背景光的干扰，图像会变得朦朦胧胧，像罩了一个"罩子"一般。

在计算成像的模式下，大气传输矩阵 $T(x)$ 会扩展为计算介质的光场调制函数 $M(x, y, z, t, \varphi, P(DoP, \Phi), \lambda\cdots)$，根据这个公式，就能很容易分析出介质对成像的影响。

首先，我们来看空间参数 (x, y, z)，它描述的是介质的成分在空间上的分布变化，既有吸收，又有散射，这导致了光场调制函数在空间上不同程度的扰动。当不考虑扰动的空间分布时，可以采用单一数值的大气透过率描述介质，这犹如在报纸上盖了一片衰减片，报纸上的字只是整体均匀地变暗了一些；而考虑空间分布时，采用单一值的办法不再可行，这时候可以用一个矩阵来近似描述介质特性，就像在报纸上盖了一片毛玻璃，报纸上的字呈现出空间上复杂的明暗变化。

▲ 不同介质分布情况下图像的变化

然后，再来分析时间 t 带来的影响。很显然，介质具有时变明显的动态变化特性，此时带来的问题是此刻的状态与上一个时刻完全不同，因此，继续采用传输矩阵等方法描述介质特性就会遇到很大的困难。

接着，我们来看 φ 这个参数，它代表的是相位的变化，也就是动态介质的相位扰动特性。大气扰动是一种很常见的自然现象，比如透过蒸笼的热气可以看到人脸被扭曲。解决扰动问题多采用自适应光学的方法，其代价也很高，尤其是需要一个引导星以测量大气的扰动特性，使用会受到很大的限制。

▲ 介质扰动对图像的影响

接下来，再来看 $P(DoP, \Phi)$ 偏振在介质中的传播特性。很多学者研究过线偏振和圆偏振在大气和水中的传播特性，给出的结论普遍都是偏振似乎更容易描述光在介质中的传播特性，于是，就有了很多偏振去雾、偏振提升作用距离等各种研究，但却实用性不强。究其原因，则是头痛医头，脚痛医脚，没有做全局考虑，主要因为目前的偏振探测手段存在两方面的问题：

① 能量损失大幅降低信噪比；

② 过分依赖偏振度这一特性，而偏振器件的性能限制了偏振度的精度，局限了信息差异性的解译，看不远自然很正常。

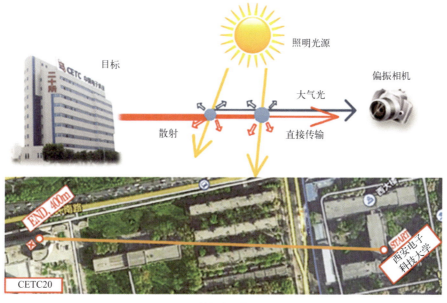

▲ 偏振去雾模型

最后，我们来分析波长 λ 的影响。很显然，介质中的颗粒会引起吸收和

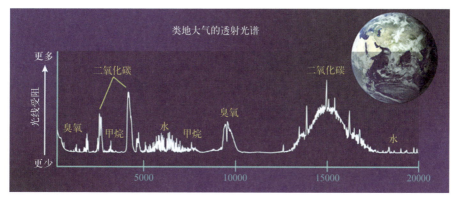

▲ 地球大气窗口

散射，似乎波长更长的光波更适合在介质中传播。可是，我们却经常会遇到"大气窗口"这样的词，那是因为介质成分对不同波长的吸收特性截然不同，典型的成分有水和CO_2。多年前被很多人炒得"火"得不得了的太赫兹，因为空气中水的吸收问题，其"近视"程度很高，让很多人被迫接受其应用范围严重变窄的事实。

4. 能否摘除光电成像的"白内障"

　　既然上文说得头头是道，那么是不是就可以摘除光电成像的"白内障"了？很显然，这个"手术"难度远大于摘除人眼的白内障。近年来，随着视觉光学和医疗技术的发展，人工晶状体越来越成熟，不仅可以将那个令人类"老眼昏花"的原装正品的晶状体换掉，而且可以将近视/远视的屈光度数植入这个人工晶状体，让人们轻松摘掉眼镜，并且人工晶状体还带"墨镜"功能，再也不怕紫外线对眼睛的伤害了！

　　可是，光电成像就不同了，这个"白内障"仅仅是一种视觉现象，原因不在相机内部，而出在外部环境上。也就是说，即使看起来很不错的天气，你看到的依然还是雾蒙蒙一片；即使摘除了眼睛的白内障，也解决不了外在的障碍！对，其实应该叫"白外障"！

▲ 计算介质对成像的影响

　　"白外障"的根本原因还是介质，那么，获得介质的光场调制函数就应该是解决问题的根本。然而，介质的光场调制函数非常复杂，研究大气光学的学者做了那么多年的研究，却也往往只能给出一个影响强度的概率的统计分布，更何谈带着这么多参数的复杂函数！

那么，这个"白外障"还有救吗？答案是肯定的。罗翔曾经说过，尽管我们不能画出一个完美的圆，但我们相信，那个完美的圆是一定存在的。科学家追求真理的步伐从未停止，永远也不会停止！

5. 摘除"白内障"的手术

我们先来简单看一下人类摘除白内障的手术过程。首先，检查眼睛晶状体、屈光度和眼底情况，然后根据患者的意愿定制人工晶状体，做人工晶状体的植入手术。

前面我们说了，在光电成像中介质对成像的影响其实是"白外障"，这也就意味着人眼"白内障"手术不适用。

那你还谈什么摘除"白内障"啊？

别着急，我们看一下看起来清晰的图像到底是怎么回事？为什么经过"去雾"处理后的图像看起来视觉效果好多了呢？为什么人们似乎越来越"喜欢"PS（用软件美化、修改图片）后的图片，甚至到了"无滤镜不视频"的地步？

这里不得不说，视觉是主观的，而主观受意识、知识和审美等因素的影响很大，尤其是审美。"Less is more"（少即是多），这一理念在艺术领域几乎无往不胜。我们看到的好的艺术作品，无论简单还是复杂，一定由简单元素构成。回到图像的评价，主观因素依然占据了主要地位，也就是视觉上看起来简单、清亮的图往往会被认为是"好"的图像，而这些好的图像往往经过了"熵增"，信息比原图减少了。这也就是图像处理中一条基本定律：图像处理后，信息只会减少，不会增加。

▲ 极简艺术（Minimalism）

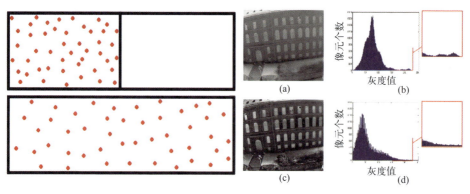

▲ "熵增"与图像处理中的"熵"变化

与视觉恰恰相反，成像的目的是尽可能记录下更丰富的光场信息，由这些光场可以解译出更高维度的信息。对成像而言，一幅好的图像（image）必须具备信息丰富的特点，然后经过不同的图像处理得到不同结果的图，而这个图其实可以认为是由图像（image）反演出来的一个视图（view），典型的一对多映射。

▲ 由一张图像可以映射出多个视图

视觉效果比较好的图像往往具有一个典型特点：**简单**。这个简单体现在彩色图像中，我们会发现像素中某些颜色通道具有非常低的亮度值，即暗通道。简单也体现在图像的颜色数量上，可以发现无雾图像的颜色可以近似为RGB空间中数百个不同的颜色簇，随着雾霾的出现，这些紧密地聚在一起的颜色簇被延伸为一条线，也就是所谓的"雾线"。简单亦可体现在图像的颜色退化上，通过直观的比较可以发现，在没有雾霾的影响下，图像通常具有鲜艳的色彩，也就是饱和度较高；但在有雾霾存在的情况下，由于空气光的原因，图像的亮度增加而饱和度降低，也就是发生了"颜色衰减"。基于这些关于图像的"简单"的先验知识来建立去雾模型，就有了第一代的"去雾"手术——以"暗通道"去雾为代表的摘除"白内障"手术。

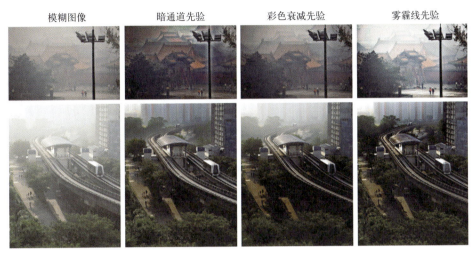

模糊图像　　　暗通道先验　　　彩色衰减先验　　　雾霾线先验

▲ 真实图像去雾效果比较

　　第一代的手术周期短，恢复快，不需要在"眼睛"上动刀（不改动相机），配一副"去雾"眼镜就行了（加一个图像处理算法）。这是很多人都喜欢的模式，代价很小，"配副眼镜"就能还你一个"无雾"的世界，不改变原先的设备形态，通过算法赋能就能解决问题，多好啊！可是，好是好，缺点也明显，那就是很多时候不好用，甚至不能用。对，还是那个边界条件的问题。在灰度图像中因为找不到暗通道，于是红外去雾和黑白可见光去雾就失效了；即使是彩色图像，也经常会遇到效果不好的情况。而且，参数的自适应也是个问题，一旦切换了场景，效果就会变差。

　　于是，就有了以"偏振去雾"为代表的第二代"白内障"摘除手术，号称物理去雾方法。第二代手术的特点是给"眼睛"做了手术之后再配一副"眼镜"，也就是必须改造原有的光学成像系统，获得数据后再做去雾处理。我在第1季《天下无雾：我们能不能透过那道雾霾》一文中已有论述，结论就是似有改善，但效果难达预期。很显然，这个代价有些高，而且效果并不明显，此时，问题的原因出在了"视网膜"上，也就是探测器的性能难以满足"去雾"的要求。

▲ 偏振去雾效果图

　　那么，摘除"白内障"还有希望吗？答案是有希望，于是就有了第三代摘除"白内障"手术。不过，这个手术很复杂：不但要对"晶状体"做手术，而且要更换"视网膜"。对光电成像来说，就是既要在光学系统上做一个"悟空"式的"白内障"编码（详见《计算光学成像升维之大话篇》），而且还要升级探测器。很显然，这个动作太大了，挑战度很高。

　　那么，这个大手术该怎么做？我们分别从晶状体和视网膜两个角度分析。

　　首先，在光学系统方面，需要植入一个自适应多维度光场编码器，以解决介质"白外障"带来的畸变和时变问题。如果按照传统的自适应光学方法，只要能测出传输矩阵，用哈特曼传感器就能解决大气湍流带来的问题。可是，我们也没见过单用自适应光学解决去雾问题啊！也许你会说，根据前文给出的去雾公式，求出传输矩阵不就能还原清晰世界了吗？当然不是，因为介质对成像的影响是多方面的，还得从光场的角度来分析问题才能触及问题的本质。我们看一下光场的要素：光谱、偏振、相位、时间和空间，而大多传输矩阵只给出了强度的空间分布情况，至少光谱和偏振极少给出，当然时变特性是大气和水等动态介质的本征特性，是必须要考虑的。既然计算成像的灵魂是光场，引擎是升维，从升维来考虑问题一定没错。那就是说，偏振和光谱必然能带来维度的提升，偏振去雾已经验证了去雾的有效性，尽管其饱受质疑；而不同谱段下我们看到的信息确实很不一样，比如在短波红外波段的透雾功能比可见光强多了，更精细的光谱也必然会带来新的"视"界。这就引出了另外一个问题：如何升维？即如何构建偏振、光谱等与去雾的关系。这个问题很复杂，我会在后面的文章里讲计算成像的范式问题。

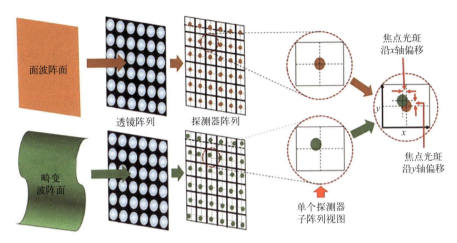

▲ 哈特曼波前传感器原理

有人会提出：既然都验证了偏振去雾的有效性，为何还要质疑呢？这个问题主要出在探测器上，因为目前的偏振探测是以牺牲能量为代价的，雾天情况下，偏振带来的那点高维信息的信噪比实在是让人为难，解译度太差，效果自然不理想。如果再引入光谱，估计很多人都会跳起来。那怎么办？换探测器！

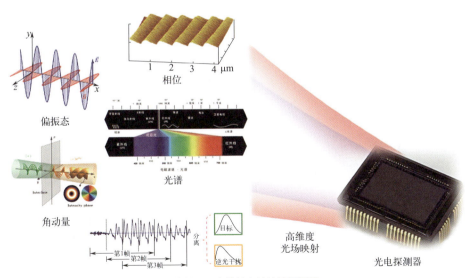

▲ 能够记录高维信息的计算探测器

目前，眼科的手术还不能换视网膜。但对光电成像而言，探测器是可以换的，只要有。可是这样的探测器也没有！如何设计这样的探测器，我也会在后面的文章中专门讲述。

读到这里，你会发现：计算成像的终极问题出在探测器上。不久的将来，你会发现探测器将不会是现在的形态了。

当然，我们不能忽视的另外一个问题是计算成像中的数学问题，因为能量损失之后，量化深度不够，而信噪比又很低时，这些在模拟信号里可以很平缓处理的问题到了数字信号处理环节就变成了麻烦事，积分的不连续性、数字信号处理的近似取整以及无穷的问题，都会增加处理的难度。详细请参阅第 1 季中《计算光学成像中的数学问题思考》一文。

6. 摘除"白内障"，路漫漫其修远兮

眼睛的"白内障"好除，光电成像的"白外障"难除。最主要的原因是介质的光场调制传递函数过于复杂，高维度光场函数鲜有关注。我们并不是一定要得到维度多么复杂的光场才能解决这个问题，而是要考虑计算介质中的强度、相位、偏振和光谱等特性在摘除"白外障"方面哪些特征显著，以什么样的方式投影求解更合适。当然，计算探测器的角色依然很重要，尤其是多维度物理量高效率探测可以为我们提供更丰富的光场信息，而光场的解译算法也是解决问题的最后一公里，这些都需要我们去探索。

世界的不完美是我们追求完美的动力。终有一天，我们能摘除光电成像的"白内障"！

按偏了的指纹：成像光谱

故事　按偏了的指纹

最近小张的办公室终于如愿装上了指纹锁，自此，她再也不用带那些烦琐的钥匙了，想想心里都美。她根据说明书录好了指纹，高高兴兴地锁门下班。可是，第二天，她却发现打不开门，在炎热的夏天里，急出了一身汗，可是越急越打不开。这时，同事小李过来帮她一起查看原因，发现小张在按指纹时老是按偏，指纹锁只能识别边缘部分的指纹，满足不了开锁要求。

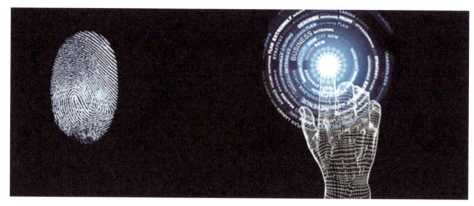

▲ 指纹解锁

正常　　　红色盲　　　绿色盲　　　蓝色盲

▲ 部分色盲与全色盲

人眼视网膜由视杆细胞和视锥细胞两类感光细胞组成，其中，视杆细胞感光面大，灵敏度高，分布稀疏，能够在弱光环境下工作，但不能感受到颜色，可以理解为"黑白探测器"；视锥细胞主要集中分布在黄斑区域，感光面小、排列密集，由分别感受红绿蓝（RGB）三色的 3 种细胞组成，特点是分辨率高，3 种细胞协同工作，能感受到全彩色的世界。RGB 每个通道所需的颜色位深度为 8 位的情况下，24 位颜色，彩色图像总共有 $2^{24}=16777216$ 种组合，人眼可以分辨的颜色种类大约为 1000 万种。而人眼对黑白却不敏感，在 0 ～ 255 所表示的图像灰度显示系统中，灰度级数为 8、16、32 时，人眼正确识别率分别约为 93.16%、68.75%、45.31%。可是，视锥细胞的缺点是必须有足够的光照才能响应，这也就是为什么我们受太阳光照射后回到昏暗的楼道，眼睛瞬间会进行工作模式切换，只要眼前一黑，很快就切换到视杆细胞工作模式，虽然看不到颜色，却能看清楼道。

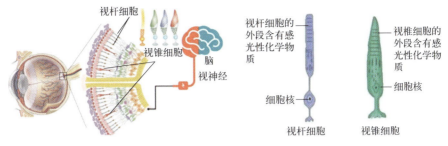

▲ 人眼视觉

其实，颜色是最简单的光谱体现，虽然只有红、绿、蓝3个光谱分量，而这简单的三基色竟然构成了我们看到的五彩斑斓世界，我们能利用颜色感知周围的环境，能够一眼分辨出真假苹果、分辨出伪造的场景……可想而知，如果人类的眼睛再增加一个光谱，我们看到的世界一定不是现在这个样子，我们的色彩分辨能力肯定会更强。

可是，我们对光谱的了解却远远不如对颜色的了解，因为颜色只有三个维度，而多光谱和高光谱的维度太高，以至于我们无法用**合成颜色**的方式表示，而且，人类很难直观地理解超过三维的数据，这就是光谱显得神秘的原因。

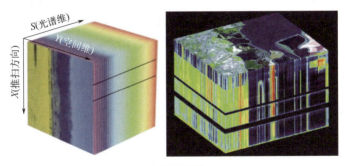

▲ 光谱数据

光谱被誉为物质的指纹，这没错。可是从前面的故事中，我们会发现，如果指纹按偏了，照样开不了门。很多时候，我们的成像光谱仪光谱分辨率已经很高了，可是在使用过程中，这个光谱却经常不能分辨物质，根本达不到识别"指纹"的作用，这是因为指纹按偏了。

1. 颜色：人类认识光谱的开始

自 1666 年牛顿著名的色散实验之后，光学开启了光谱的大门。

人类最早认识光谱就是从颜色开始的，尽管很长一段时间里，人类根本不知道光谱的存在。得益于通过颜色感知世界，人类能够在大自然中生存，并且产生了用色彩绘画的艺术。于是，我们看到了祖先用矿物的色彩在陶器上作画、在岩壁上绘画，再到调制颜色在布帛和纸上创作更细腻的画作。

在美术课中，我们学到的红绿蓝三基色可以组合成不同颜色，学习了"颜色叠加"，比如"红＋绿＝黄"等，可是，这类"颜色叠加"只有在人类视觉中才成立。同一场景，人和其他动物感知的颜色世界完全不同。这也就是说：**如果不考虑人类的视觉特性，RGB 颜色空间是不存在的。**灵长类的覆盖范围为 390 ～ 700nm，3 个峰值为黄（565nm）、绿（535nm）、蓝（430nm），波峰分布不均匀，黄绿离得较近。鸟类视锥细胞覆盖范围为 330 ～ 700nm，4 个峰值为黄（565nm）、青（508nm）、蓝（440nm）、紫外（370nm），波峰分布相当平均。其他哺乳动物只有黄（565nm）、蓝（430nm）两个。因此捕捉食草动物的狮子、猎豹、狐狸们都是天生的色盲，（绝大多数）哺乳动物分辨不出橙色和绿色，因此哺乳动物的橙色皮毛在其他哺乳动物眼里也是妥妥的保护色。

▲ 人类眼中的老虎与其他哺乳动物眼中的老虎

那么，颜色的本质到底是什么？答案很明了，就是光谱。我们知道，燃烧钠会产生黄色光、燃烧钙会产生红色光、燃烧铜会产生绿色光、燃烧钾会产生紫色光……氦氖激光发出波长为 632.8nm 的红光，半导体激光器根据激励方式不同，可以发出诸如 405nm 的紫光、505nm 的蓝光、593nm 的黄光、660nm 的粉红色光，等等，而且，1064nm 的 YAG 激光器经过倍频会产生532nm 的绿光……

▲ 焰色反应铜钾钙钠

很显然，颜色的本质是光的频率，而不是合成颜色。尽管各色不同频率的光进入到人眼时，会以红绿蓝 3 个分量分解的形式，分别由红绿蓝 3 种锥状细胞感应合成该频率光的颜色，但这种分解仅仅发生在视觉形成时，与颜色的本质无关。

仅仅 RGB 这三基色就能配比出 2^{24} 种颜色，让我们能从苹果的颜色上辨别出哪个更甜，能从很多食品的颜色上看出新鲜程度，甚至中医能根据面色的差异看出疾病之源……

有人说，如果在 RGB 三基色上再加一种，甚至两种或三种以上的颜色（可见光波段），会如何呢？有报道说，世界上有为数不少的人（更多的是女性）具有四色视觉，能比正常的具有三色视觉的人看到的颜色多 99000000 种。但是，人类的四色视觉没有可靠的实验证据，这里应该存疑。不过，鸟类却拥有四色视觉，那第四种视觉细胞是感应紫外光的，与人类不同。

▲ 人类和紫翅椋鸟视锥细胞对光的敏感性差异图

假如人类存在第四类可见光的视锥细胞，我想应该也不会看到更多颜色。这是因为 RGB 三基色往往被认为是正交的，这就意味着加入另外一个可见光颜色不会改变色彩的总数，这个颜色应该是作为冗余存在的。

顺便说一下，正交转换最大好处是：a.可以保证信号的完整度；b.信号彼此不受影响；c.确保近似误差最小化；d.正变换跟反变换的架构是相似的。这就是我们在信号处理时经常选取正交基的原因。

需要注意的是：人类视觉是用合成颜色来观测世界的，而没有用光谱维度。我想主要原因是光谱数目太少，3 个光谱合成一个量足够应付在自然界中生存；其次，大脑也没有一块区域是供光谱识别用的。同时，还需要注意的是：3 种视锥细胞的敏感性曲线是有重叠的，不可能只激活一种色觉。

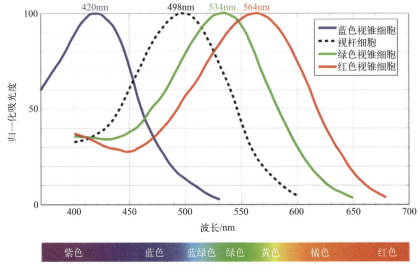

▲ 人眼光谱敏感性曲线图

如果仅考虑单色光，那么颜色就由频率（或波长）及强度两个参数决定。而两个参数的量纲不同，压根无法讨论正交问题。如果考虑混合光，那么颜色要用它的光谱来表示。光谱的横轴是频率（或波长），纵轴代表强度（振幅）。光谱可以看成从频率（或波长）到强度的函数，所以它们似乎构成一个无穷维的空间。有一点需要注意，强度必须取非负值，而且不能直接叠加。此时，除了要考虑强度谱之外，还需要同时考虑相位谱，这样问题就解决了：带相位的强度可以在复数域内取任意值，而且可以直接叠加。光谱构成了一个无穷维的线性空间，所有频率的两个相位正交的单色光构成它的一组正交基。

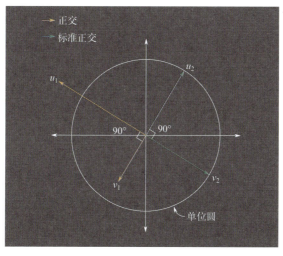

▲ 正交

当然，颜色空间很复杂，有专门的色度学研究门类，不再详述。下面，我们来看看主角——被称为物质指纹的光谱。

2. 光谱：物质的指纹

光谱是复色光经过色散系统（如棱镜、光栅）分光后，被色散开的单色光按波长（或频率）大小而依次排列的图案。这是维基百科给出的一个定义，其实就是复色光分解成按频率从低到高的系列谱线，理论上是连续的，在实际测量时受限于测量手段，只能测出一定谱宽的若干光谱，这个谱宽就被称为光谱分辨率。

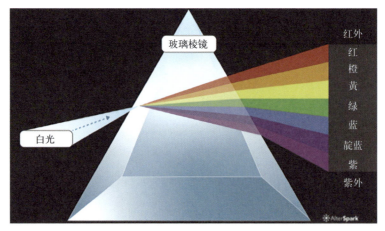

▲ 色散

光谱通常被认为是物质的指纹。这是因为物质受到光（电磁波）的照射时，会发生光的吸收、反射或透射等现象，此时有些物质自身也会发光（或荧光）。光波是由原子运动过程中的电子产生的电磁辐射，各种物质的原子内部电子的运动情况不同，所以它们发射的光波也不同。物质对光的吸收、反射或透射等与其成分、结构理化特性等有着密切的关系，分析这些关系的学科称为光谱学（即光谱分析）。类似于每个人的指纹都不一样，光谱分析由于每种原子都有自己的特征谱线（又称指纹谱），因此可以根据光谱来鉴别物质和确定它的化学组成，这种方法叫做光谱分析。进行光谱分析时，可以利用发射光谱，也可以利用吸收光谱。这种方法的优点是非常灵敏，而且迅速。

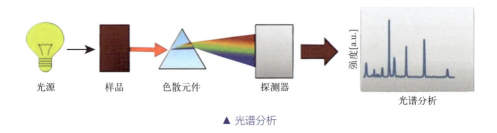

光源　　　样品　　　色散元件　　　探测器　　　　　强度[a.u.]　　　光谱分析

▲ 光谱分析

光谱的分类有很多种。按波长区域不同，光谱可分为红外光谱、可见光谱和紫外光谱；按产生的本质不同，可分为原子光谱、分子光谱；按产生的方式不同，可分为发射光谱、吸收光谱和散射光谱；按光谱表观形态不同，可分为线状光谱、带状光谱和连续光谱。

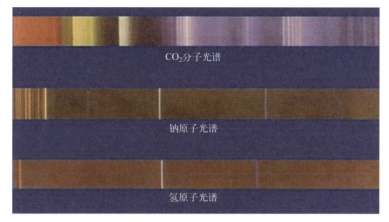

▲ 原子和分子光谱对比图

线状光谱主要产生于原子，由一些不连续的亮线组成；带状光谱主要产生于分子，由一些密集的某个波长范围内的光组成；连续光谱则主要产生于白炽的固体、液体或高压气体受激发发射电磁辐射，由连续分布的一切波长的光组成。

有的物体能自行发光，由它直接产生的光形成的光谱叫做发射光谱。在白光通过气体时，气体将从通过它的白光中吸收与其特征谱线波长相同的光，使白光形成的连续谱中出现暗线。此时，这种在连续光谱中某些波长的光被物质吸收后产生的光谱被称作吸收光谱。当光照射到物质上时，会发生非弹性散射，在散射光中除有与激发光波长相同的弹性成分（瑞利散射）外，还有比激发光波长长的和短的成分，这种产生新波长的光的散射被称为拉曼散射，所产生的光谱被称为拉曼光谱。

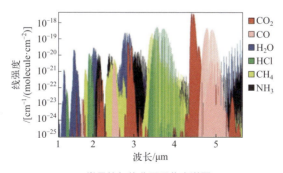

▲ 常见的气体分子吸收光谱图

光谱的指纹效应很明显，我们经常用光谱做物质检测和物质分析，比如利用吸收光谱检测气体成分，利用 LIBS（激光诱导击穿光谱）做元素分析。

当然，还可以通过观测行星的光谱，了解行星的大气成分、温度、压力等信息。当行星通过恒星时，我们可以观察到它的大气层吸收或反射某些波长的光线。这些吸收和反射的光线就显示了行星大气层中存在的化学元素和分子。通过对不同波长的吸收和反射情况进行分析，可以确定大气层中存在哪些物质。

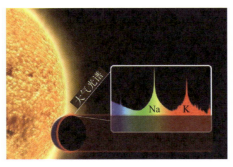

▲ 行星大气光谱

上述这些光谱大多不属于成像领域的重点研究范畴，我们要研究的是成像光谱。

3. 按偏了的指纹：成像光谱

传统的成像技术可以获取目标单通道或三通道的空间信息，如黑白相机的灰度图或彩色相机的 RGB 图。然而仅凭借空间信息有时不足以实现目标的识别与分类，特别是当不同目标呈现出相近的形态和颜色时。成像光谱可以通过采集目标对光的吸收、反射和散射等光谱信息，实现对目标的成分分析、鉴别分类等。成像光谱是集光学、光谱学、精密机械、光电子学、电子学、信息处理、计算机科学等领域的先进技术于一体，将传统二维成像技术与一维光谱技术相结合，利用物质光谱特有的不同物不同谱，同物一定同谱的"指纹效应"，对获取的由目标景物的二维空间信息和随波长分布的一维光谱信息组成的"数据立方体"进行分析，在得到目标景物大致轮廓的同时，获得其内部结构及组成成分。在可见光到近红外的波段范围内，当光谱分辨率大于 10nm 时，属于多光谱成像，此时光谱通道数目一般不超过 10个；当光谱分辨率为几纳米时，属于高光谱成像，此时光谱通道数目高达数百个。

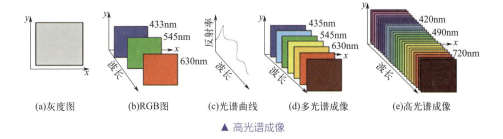

| (a)灰度图 | (b)RGB图 | (c)光谱曲线 | (d)多光谱成像 | (e)高光谱成像 |

▲ 高光谱成像

那么，成像光谱仪获取的是什么光谱呢？这里我们再解释一个新名词：反射波谱，这是 1948 年苏联科学家克里诺夫提出的一个概念。反射波谱是某物体的反射率或反射辐射能随波长变化的规律，以波长为横坐标，反射率为纵坐标所得的曲线即称为该物体的反射波谱特性曲线，即光谱反射率。物体的反射波谱的特征主要取决于该物体与入射辐射相互作用的波长选择，即对入射辐射的反射、吸收和透射的选择性。根据地表目标物体表面性质的不同，物体反射大体上可以分为 3 种类型：镜面反射、漫反射、实际物体的反射。这也就间接告诉我们：反射波谱远比发射光谱、吸收光谱和散射光谱复杂，指纹特征不再是靠几根谱线就能表征那么简单，这也就给光谱识别带来了难度。

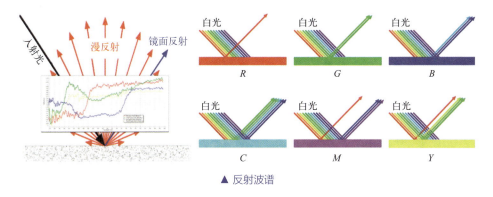

▲ 反射波谱

遥感领域中常用的成像光谱其实就是反射波谱，受环境影响很大，不同光照、天气都会带来光谱的变化，当然还有受成像分辨率影响造成的光谱混叠情况，这些都是成像光谱数据处理要面对的问题。这些都不是我们关心的问题，我们关心的是数据立方体，这么费劲获取的数据，不仅处理复杂，而且号称纳米甚至亚纳米光谱分辨率的成像光谱往往使用起来更困难，并不能很好地解决问题。这是不是看起来像一个悖论：光谱分辨率高了，光谱识别反而不一定效果好？是的，这种情况在高光谱处理领域经常遇见，很多时候，学者发现在上百个光谱中选取二三十个进行光谱分析，比选用全部光谱更有效。当然，目前还没有一条行之有效的规律告诉我们该怎么选取这二三十个光谱。那么，问题来了：我们到底是不是真的需要高光谱？我们到底需要几个光谱？我们该如何高效获取这些光谱？

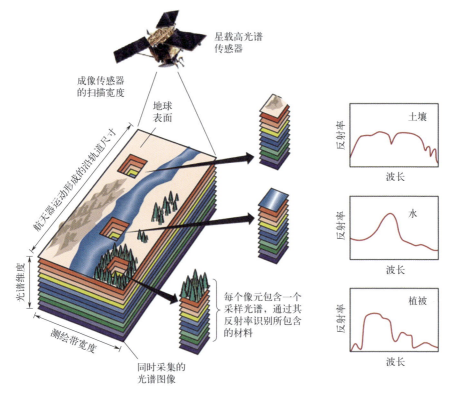

▲ 遥感领域的成像光谱

4. 成像光谱仪的发展

　　成像光谱的获取比较复杂，成本也很高，客观上造成了应用不广泛甚至不好用的问题。无疑，"五个更"在成像光谱中依然起着指导作用：更高的光谱分辨率、更高的空间分辨率、更快的成像时间、更远的作用距离、更小的系统，这些都是成像光谱仪追求的目标。

　　目前，光谱成像仪根据获取目标三维数据立方体的方法可分为4种：点扫式、推扫式、凝视式和快照式。

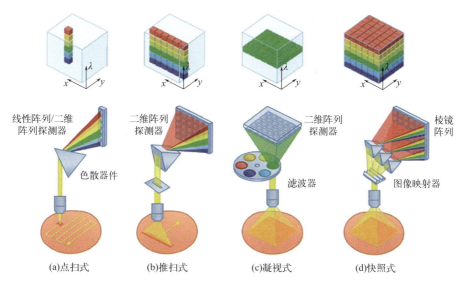

| (a)点扫式 | (b)推扫式 | (c)凝视式 | (d)快照式 |

▲ 4 种光谱成像方法

　　点扫式和推扫式光谱成像系统统称为空间扫描式光谱成像系统。点扫式光谱成像系统每次测量时只能采集目标单点的光谱曲线，即一维光谱信息，要想获取整个三维数据立方体，需要系统在 X、Y 两个空间维度上进行扫描。推扫式光谱成像系统每次测量时可采集透过狭缝的一列目标的光谱信息，即二维色散光谱图像，整个三维数据立方体的获取需要控制狭缝在一个空间维方向（Y）进行扫描。这类系统需要采集目标上单点元素或一列元素的光谱信息，通常选用光栅或棱镜等色散元器件作为分光模块，同时设置孔径光阑或狭缝光阑以分别实现对目标的按点选中和按列选中，再借助机械运动部件便可实现对目标逐点或逐列的扫描。早期扫描式光谱成像系统主要搭载在飞机、卫星等运动平台上，通过沿轨方向上的移动，完成对静止地物目标沿轨方向的扫描，应用于航空航天领域。目前，此类系统逐步向地面检测领域推广，覆盖了食品质量检测以及疾病诊断等领域。

　　凝视式（波长扫描式）光谱成像系统每次测量时可采集整个目标在某个波段下的二维光谱图，利用光谱维方向上的扫描，可实现整个三维数据立方体的获取。该系统需要采集目标在各个波段下的光谱图像，因此通常选择可调滤波器作为分光模块，常用的可调滤波器包括轮式多通道滤波片、声光可调滤波器（Acousto-optical Tunable Filter，AOTF）和液晶可调滤波器（Liquid Crystal Tunable Filter，LCTF）等。

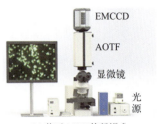

(a) SpectroCAM轮式　　(b) 基于LCTF的凝视式光谱成像系统　　(c) 基于AOTF的凝视式
八通道多光谱相机　　　　　　　　　　　　　　　　　　　　　　　　光谱成像系统

▲ 3种凝视式光谱成像系统

　　快照式成像光谱仪是一种非扫描式光谱成像方式，我们对三维数据立方体进行分割或编码等处理，使探测器在一次或几次曝光内便可完成目标所有空间信息与光谱信息的采集；但后续还需采用算法和密集型计算去复原三维数据立方体。快照式光谱成像系统种类繁多，包括基于微透镜阵列的积分视场型、编码孔径型、多分束器型、滤波片阵列型和傅里叶变换型等。分光模块既可以是光栅或棱镜等传统分光元件，也可以是滤光片阵列或棱镜阵列等新型分光元件。除了三大基本模块之外，还需添加能对三维数据立方体进行分割或编码的定制化元器件，如微透镜阵列、编码模板等。相对来讲，快照式光谱成像系统无须进行任何维度的动态扫描，因此快照式光谱成像系统的集成度与小型化程度较高。

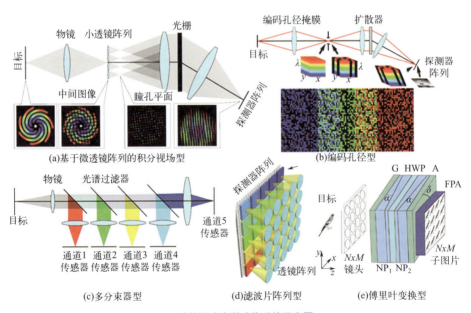

▲ 5种快照式光谱成像系统示意图

从上述简单的成像光谱仪经历了从点扫、推扫和波长扫描的纯物理方法，发展到引入压缩感知、深度学习等信号处理方法的快照式计算光谱成像方法，使得成像光谱仪的重量、体积、功耗和成本都能大幅降低，进步很快，在越来越多的领域中能够应用起来。可是，对更远的作用距离来说，成像光谱仪就有些拖后腿了，主要原因是分光造成能量损失；还有，面对海量数据数量难题，客观地造成了应用门槛抬高了不少。三个字：不好用。

那么成像光谱该朝着什么样的方向发展？

5. 化繁为简：未来的成像光谱技术

从成像光谱仪的发展来看，面对更广阔的应用需求，面对实时性和低成本问题，面对诸如海量数据立方体处理等复杂问题，我们需要化繁为简，解决成像光谱的问题。

我们再次看一下地球上最厉害的"光谱调谐大师"——虾蛄，它有着12 ～ 16 种感光细胞，波段涵括了紫外、可见光和红外，而且它还会玩偏振，甚至有些种类能玩调谐光谱的把戏，牛上天了！至于虾蛄看到的视觉是什么样的，目前还很难说清，可就凭着这强大的视觉系统，它可以在浑浊水域和夜间活动自如。还有一点有趣的是，它的强大视觉系统让它的暴脾气膨胀到了极点，见到猎物和猎捕者就能挥起"沙包"大的拳头，顿时能刺穿、震晕，甚至击碎、解体猎物。据研究，虾蛄因为出拳超快，能产生超空蚀效应，在出拳时会产生冲击波，产生的热量能瞬时将水温加热到6700℃。

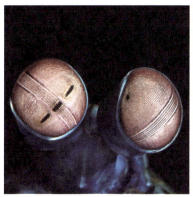

▲ 虾蛄的眼睛

下面，我们看几个案例。

首先，来看虾蛄典型的多光谱＋偏振成像方式，不依靠庞大的高光谱，单凭此也足以让它的视觉强大到"傲视"宇宙。

再回顾一下颜色，它是光谱合成的结果，凭着这样的视觉也能辅助人类称霸地球。

再看另外一个例子，西安电子科技大学李云松团队的李娇娇老师用普通的 CMOS 彩色相机 RGB 三通道重建出了 31 通道的光谱，再增加一个通道可以重建出 70 通道的光谱，并在 2020 年 CVPR NTIRE 第二届光谱重建大赛中获得冠军。该方法在对国产某卫星数据进行重建后，可快速获得大视场、大范围的光谱数据，拓宽了国产多光谱卫星及 RGB 卫星的应用前景。

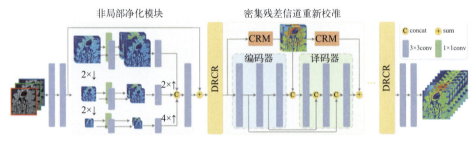

▲ 通过 RGB 三通道重建出 31 个通道的光谱

最后，来看看指纹锁的识别过程，其识别的主要特征是指纹的角点、断点、曲率、缺陷等，而不是指纹的形状。既然光谱是物质的指纹，那么它的主要特征也不是整个光谱曲线，而是为数不多的几个特征光谱。

接下来，我们该思考一下这些问题。传统的光谱分析方法单纯依靠光谱维度的强度分布信息作为指纹识别物体，好处呢，就是简单；坏处呢，就是一旦有了噪声的影响，光谱变得就比较复杂了，识别难度加大，并且，光谱数目越高，越复杂。

那么，到底是高光谱还是多光谱？到底需要几个光谱？

很显然，从应用上来讲，我们需要光谱识别，但不一定是那种分辨率达到亚纳米级别的超光谱，而是满足识别需要就好，那么，多光谱应该就能满足需要。可是，需要多少个光谱，如何选择这些光谱？我们将在后续的文章里陆续讲解。

授人以渔：计算光学成像的范式

场景一　大学食堂

中午12:00，壮壮同学端着刚从"抖勺专家"——食堂打饭阿姨手里接过的叉烧饭，找了个座位坐了下来，眼见着几块诱人的叉烧从阿姨抖动频率超过帕金森综合征的手中无声落下，心中不悦。打开手机，无意中刷到了周星驰《食神》中比赛的那个片段。

"食神"在比赛中做了一道平淡无奇却超级好吃的叉烧饭，名曰"黯然销魂饭"。这道菜的食材极为普通：大米、猪肉、鸡蛋、青菜和洋葱，却让女评委吃了一口叉烧后情不自禁飘了起来，连叫"好吃"，味道超越了唐牛用料十足的极品"佛跳墙"。当女评委情不自禁流下眼泪时，大声问："我为什么会流泪？"食神说："因为我加了洋葱。"

食神说：人人都是食神！

壮壮望着盘中的叉烧饭，嘴里嚼了一块咬不烂的叉烧，顿时五味杂陈，眼角不禁有些湿润。不，那不是洋葱的味道！叉烧饭里的洋葱已经糊了。

同样的食材，同样都叫叉烧饭，一个黯然销魂，一个黯然流泪……

场景二　导师办公室

14:00，壮壮如约来到导师办公室，导师赠送他一本签名版的《未来视界：计算光学带来的成像革命》，让他认真读，仔细琢磨，并让他继续跟踪作者写的第2季科普系列文章，尤其要关注光场和升维部分，希望他能够通过具体的一些实例深入领悟。

壮壮很激动，思忖如何能成为一名计算成像高手？冥冥中，似有人言："人人都是计算光学成像高手！"壮壮一怔，难道是食神？抑或是……

1. 光场的"五味"

（1）烹饪中的五味

五味其实是味蕾的感觉。经常地，我们会闪过"酸甜苦辣咸"，但这是错的，正确答案是"辛酸甘苦咸"，取代"辣"的是"辛"，"辛"的经常性代表是葱姜蒜，这些也是我们经常说的"荤"。如果你身边有素食者，他们不仅不吃以鸡鸭鱼肉为代表的"腥"，而且不吃葱姜蒜诸类的"荤"。"辣"实际上是一种"痛"感，而不是味蕾感受到的味道，尽管"辣"早已成了现代餐饮中的常客，"无辣不欢"已成为不少食客的标签。

辛　　　甘　　　咸

酸　　　苦

▲ 五味

五味在烹饪中非常重要，一句话就足以说明这个问题："好厨子，一把盐。"油盐酱醋糖等佐料构成了味觉的基本元素，加上好的食材和烹饪，就能做出一道又一道大餐。

（2）光场中的"五味"

计算光学成像的灵魂是光场。光场当然没有"辛酸甘苦咸"，却有类似"五味"的元素存在，那就是强度、相位、偏振、光谱、时间和空间等基本元素的体系，只是没有烹饪中的"五味"特征那么明显。如果说明显，那么颜色与光谱是直接相关的。但这些不重要，重要的是这些基本元素都能干什么。

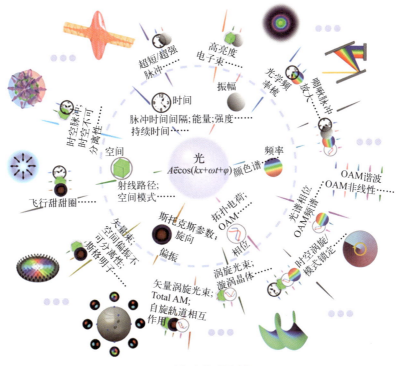

▲ 光场中的"五味"

强度，是光波函数幅值的平方，把一个复数值直接降维成一个实数。在成像中最离不开的物理量，直接变成了探测单元响应，经常被量化为灰度值。光强的变化构成了图像的不同层次，但过强会导致饱和，而过弱则会造成信噪比太低。

相位，一个天生与波动分不开的量，在光学成像中扮演的角色很多，与三维、分辨率、畸变、合成孔径等关系紧密。第 1 季《相位，到底是个啥》一文中已有详细论述。

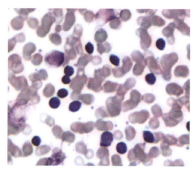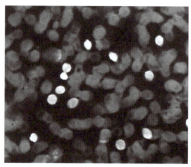

▲ 强度图像和相位图像

偏振，一个与矢量光场分不开的词，明明白白地告诉我们，它是光场调控中离不开的那款"调味品"，我在之前的文章里也多次讲过。这里特别要强调的是偏振不能只考虑偏振度而忽视偏振角，恰恰经常被忽视的偏振角会给你带来意想不到的惊喜。其实道理很简单，一个矢量被阉割成一个标量值，本来想升维的，无意中自己做了降维处理。

光谱，其属性与频率相关，代表光波的"颜色"，也被称为物质的指纹，虽然经常被按偏。在光学成像中，光谱是一个让人又爱又恨的家伙，既能给我们带来五彩缤纷的色彩，还能让我们看到红外、紫外的世界。可是，为了消色差，我们不得不一块又一块地将玻璃加进镜头中，使得镜头变得又大又重，成本还降不下来。在做光学合成孔径时，它简直就是一只凶狠的拦路虎。

▲ 光谱

时间和空间其实是光场中的辅料，因为光场经常会因为时空发生变化，同时，时间和空间还参与到了探测器的工作，与积分时间和空间分辨率都有关系。

正如前文所述，成像与烹饪很相似，都是利用"五味"做出符合"口味"（即目标）的"大餐"（即任务）。计算成像瞄准更高（分辨率）、更远（作用距离）、更广（视场）、更小（SWaP）和更强（环境适应能力）的目标发展，这就是我们要的"口味"，而"大餐"正是我们要的成像方法。

▲ "更高、更远、更广、更小、更强"

那么，如何利用光场的"五味"调出味美的"大餐"呢？

2. 计算成像中的光场"烹饪"准则——信息最大化传递

计算成像的引擎是升维，升维就意味着需要获取更多的信息，那首要任务就是保证有足够的光学信道容量。这自然就带来一个问题：光学系统重量体积不增加的前提下，如何保障信息量更多地通过系统？这看起来似乎是个悖论，恰如水管就那么粗，水流量怎么可能超出其流量极限呢？这个怀疑似乎很合理，却忽略一个问题：水的流量计算只有一个物理量，而光的物理性质不同，这些"五味"（除了时间和空间）属于其内在属性，只是在探测时有意无意地只选择了某些量而已，就像偏振特性无处不在，但大多数成像中缺少偏振探测手段，使得其无法获得。当然，你要是抬杠，说可见光镜头无法通过中长波红外，反证上述说法不正确，我只能说那是光学设计问题，不必较真。

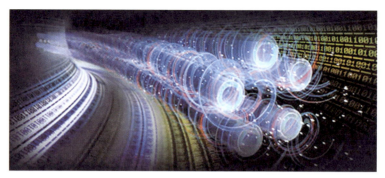

▲ 信息在通道中传输

有人马上会问：你说的都是关于维度提升的问题，光学镜头与水管不一样的是，光学口径决定信息进入的截止频率，口径定了，那么信息容量就决定了，你也没办法再提升了。这个说法似乎是对的，但我们马上就能找出一个例子：光通过散射镜头后，从截止频率的角度看，其等效口径比实际口径要大，因为光线不再走传统透镜的直线模式，而是经过多次曲折的反射路线后，原先根本无法到达像面的光线（高频信息）竟然走到了像面。这说明：传统的透镜遵循线性传递模式，也就是说傅里叶光学其实讲的是线性系统，如果加入了诸如散射编码模式，信息已不再是线性传递。更通俗一点讲：在传统成像中，信息是按照频率从低到高以线性方式通过光学系统，而计算成像则会打破这一模式，通过信息编码的方式对光的频率进行选择，在保持总信息容量（口径）不变的情况下，让更高的频率可以通过。

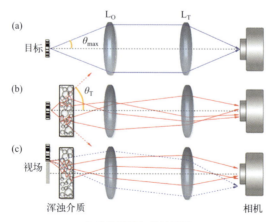

▲ 传统透镜与散射透镜

传统成像要求的是整齐划一，而计算成像则允许不同态的共存，这恰恰也是升维的内在表现形式。整齐划一需要足够的资源才能完成，而允许不同态存在则对资源的需求并不高，这恰恰符合计算成像的气质。

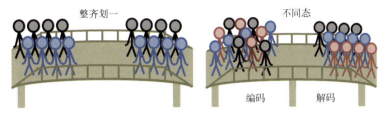

整齐划一   不同态

编码   解码

▲ 传统成像与计算成像的"不同态"

当然，我们这一篇重点要讲的还不是这个问题，而是在升维模式下，信息的最优选择、最大化投影和恢复，这才是范式设计的核心问题。

3. 计算成像的范式设计

犹如做菜一般，光有食材和佐料不行，还得会烹饪技术。同样的叉烧饭，相同的程序，不同厨师做出来的味道却有差异，原因在于火候、食材和佐料添加的量和时间不同，甚至与食材的处理方法也有关。做好菜既需要经验总结，更需要大胆创新。计算成像范式也是如此，得根据目标任务设计选择用光场的哪些元素、怎么用、达到什么效果，"五味"调和好了，才能做出计算成像的"大餐"。

具体地，我们来看下面这幅图。首先，五个"更"的成像需求是约束范式设计的前提条件；然后在传统成像不满足要求时，考虑升维的模式，根据光场"五味"特性，选取其中的几味；受探测器的限制，根据信息量获取最大最优原则，建立光场"五味"的投影关系；最后经过信息重建，达到预期目标。

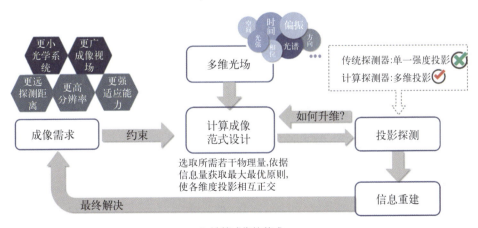

▲ 计算成像的范式

于是就产生了另外几个问题：

① 光场信息是如何传递的？

② 如何设计投影关系？

③ 选择什么样的非线性模型？

问题①已在前文讲过，不再赘述，这里最关键的其实是问题②，其本质是如何在信息通量一定的前提下，经过投影后的信息还得满足信息量的最大最优化原则。于是，我们得考虑正交这个问题了。

正交通常表示两个向量相互独立。如果光场在强度、相位、偏振、光谱等维度上的投影相互独立、相关度为零且无信息冗余，则表示光场的各个分量相互正交，此时光场信息的利用率最高。

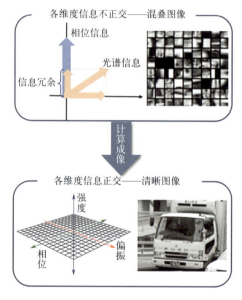

▲ 光场的"正交"

光场的正交可分为三类：

a. 不同物理维度之间相互正交：偏振、相位、光强、光谱等。这类问题相对简单，因为这些物理量相互间本身就满足正交，研究的人也多，比较容易理解。

b. 同一物理维度的不同物理量或不同量值间相互正交：偏振中的偏振角和偏振度、光谱中的不同谱段等。这一类问题比较复杂，对偏振度和偏振角而言，它们同属于偏振维度的两个分量，自身就是正交的；对于光谱而言，这个问题就复杂多了。典型的例子是颜色，我们可以用 RGB 三基色来描述。

但对于红外波段来说，是否也存在这样的"三基色""四基色"呢？在上一篇文章中，我们已经初步探讨过这些问题，这里不再展开，留在后续的计算探测器单元中再做论述。

c. 不同物理维度变换域中的正交。这个问题就更复杂了，目前几乎还很难找到一个强有力的案例，如果硬要拿出一个案例，只能拿色度学中的Lab色彩空间来说明。它是一个变换域的正交，L代表的是亮度，有其物理意义，而a和b都是经过变换得到的两个没有物理意义却很好用的量。恰恰是因为这个问题复杂，才有更大的发展空间值得我们去开拓。从透散射介质成像到现在流行的光场调控，其实都可以考虑如何在变换域中设计正交方法。

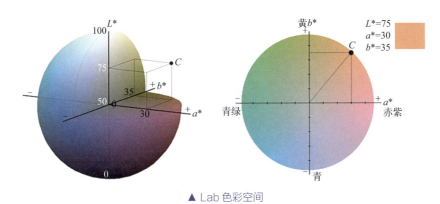

▲ Lab 色彩空间

最后，我们再来看一看棘手的问题③：非线性模型。相信大多数做计算成像的人都意识到非线性这一问题，但受限于现有的知识体系，突破得不多；一旦有点小的突破，可能就能解决大问题，比如逆光成像。

4. 牛刀小试：举例

"全"光场信息是在引入强度、相位、光谱、偏振等物理属性的基础上，加上传播方向、空间坐标等几何属性。那么如何设计投影关系才能实现光场信息的利用率最高，达到"五个更"的成像目标呢？光场的"五味"投影可以是单一维度的一维投影，例如强度投影、偏振投影以及光谱投影，也可以是多维正交投影，既同时探测多维光场信息，也可以理解为光场信息在多个维度的投影。

（1）一维投影

对于一维投影来讲，强度投影描述了光场的亮度或能量分布，告诉我们在空间不同位置上光的强度是多少；偏振投影指出了光场的振动方向，告诉我们光场在不同偏振方向上的振动状态是什么样的；光谱投影则指出了光场在不同波长或频率上的相对光强分布。

① **强度投影**。将目标光场信息向单一的强度维方向进行投影时，利用探测器获取目标光强信息，即强度图像，该图像可以显示出目标的大致轮廓。然而，这种方式所能探测到的光场信息量过于有限，仅凭强度信息有时会出现视觉差的情况，对真实场景产生误判。

② **偏振投影**。将目标光场信息向单一的偏振维方向进行投影时，利用探测器能获取目标在某个偏振态下的强度图像，即偏振图。与传统的可见光波段强度图相比，偏振图增加了目标的偏振特性，利用该特性可实现去雾清晰成像、目标检测与识别、工业产品质量检测与疾病诊断等。

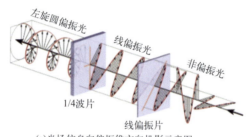

左旋圆偏振光　线偏振光　非偏振光　1/4波片　线偏振片

(a)光场信息向偏振维方向投影示意图

(b)强度图

(c)偏振

▲ 偏振成像

③ **光谱投影**。将目标光场信息向单一的光谱维方向进行投影时，利用探测器能获取目标在任意波长下的强度图像，即光谱投影图。根据人类视觉的特殊性，可建立 RGB 颜色空间，该空间可以理解为光谱的无穷维空间经过非线性变换形成的三维空间的第一象限的一部分。而对于同一场景，由于人和其他动物感知的颜色世界完全不同，所产生的光谱图也截然不同。

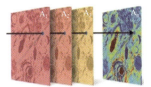

(a)光场信息向光谱维方向投影示意图

(b)人类视觉

(c)狮子视觉

(d)老虎视觉

▲ 光场在光谱维中投影及不同生物视觉差异

（2）多维正交投影

对于多维正交投影来讲，更多维度的投影可以突破更多传统成像的制约，获取更多的光场信息，实现探测性能的进一步提升。

① **强度＋相位投影**。我们先来看看强度＋相位的正交投影实例。强度和相位作为光场的两个基础维度，在成像过程中发挥着重要作用。传统光电成像由于探测器只能对强度响应，导致相位信息在成像过程中丢失。如何在成像过程中同时记录强度和相位信息，把传统单一强度投影升维到"强度＋相位"的正交投影模式，"调味料"的选择必不可少。在全息成像中，当光波

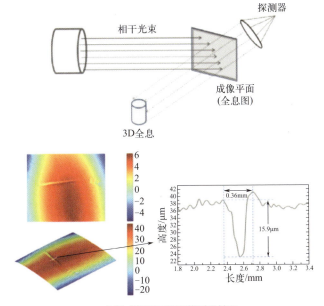

▲ 全息成像及三维形貌测量结果

经目标表面调制后，由于携带了目标表面信息，该光波强度和相位信息会发生变化。因此利用物光波和参考光波干涉将相位信息编码到干涉条纹中，通过对干涉条纹的数值或光学解译，就能够获取到光场的强度和相位信息，实现从单一"强度"投影到"强度＋相位"的二维光场投影。全息成像通过引入相位信息，可以观测到原先"强度透明"的相位目标。在此基础上，利用相位与光程差之间的关系，可获取目标表面的高度差，实现目标表面形貌的精确测量，三维形貌测量不管是在工业应用还是科学研究中都发挥着重要作用。

傅里叶叠层成像的本质是合成孔径，只是这个合成孔径是利用多角度照明来实现相位调制。光与物质之间会发生相互作用（瑞利散射、米氏散射等），当改变照射样品的光线角度时，相机可以采集到样品不同频率的散射光（对应样品出射光波的不同空间频率，也就是样品频谱的不同成分）。因此原本超出物镜衍射极限的高频信息因为多角度的照明被移到系统的通带内，而被相机记录下来。这项技术利用光场在强度和相位两个维度的投影，进行了频谱延拓，实现了超物理口径衍射极限的高分辨率成像。

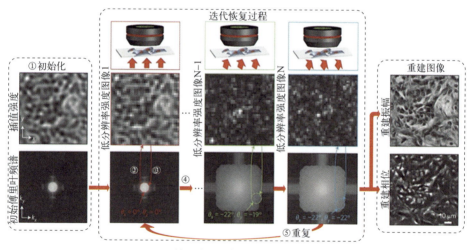

▲ 傅里叶叠层成像实现频谱延拓

在散射成像中，原有基于散斑相关的成像方法只探测散射光场的单一强度投影信息，通过迭代相位恢复算法虽然可以获取目标的二维图像，但是无法精确感知目标的姿态等空间信息。通过多帧散射光场复原技术，求解目标光场的复振幅信息，同时获取目标散射光场的强度＋相位投影，可以实现对目标位姿及空间深度信息的精确复原。

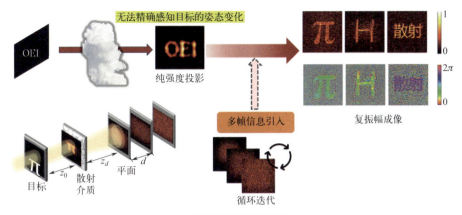

▲ 多帧散射光场复原技术

② **强度＋相位＋光谱投影**。我们再来看看强度＋相位＋光谱的三个维度光场投影的实例。在散射成像中，传统散斑相关成像技术在窄带光源照明时表现良好，在宽带光源照明时，由于宽谱散斑的弱相关性以及解译性差的问题，散射成像能力较差。通过频谱纯化技术同时探测强度＋相位＋光谱维度的投影信息，可以实现目标信息与宽谱点扩展函数之间的线性分离，将光学复杂度用计算复杂度来替代，实现覆盖可见光波段的280nm宽谱散斑的高分辨率散射成像解译。

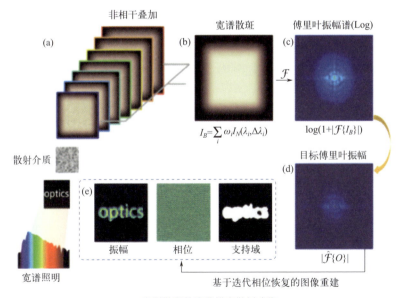

▲ 宽谱散斑的高分辨率散射成像

③ **强度＋偏振投影**。光波的偏振信息在之前的文章中已经多次介绍，它

是非常有效且好用的一个维度的光波特性信息。利用强度和偏振的投影，能够实现对场景三维立体信息的重建。具体来说，目标反射光的偏振信息携带了物体轮廓立体变化的参量，通过求解偏振特征信息，能够实现对每个像素点对应的微面元法线方向的求解，具有被动、高精度、远距离探测等优势。但是任何事情有利就有弊，对于偏振三维来说，由于特征信息求解过程中存在函数的周期性变化，因此存在的多值性问题会造成重建的畸变。而强度和偏振信息投影，可以充分利用两种信息在目标三维立体估计中的特征参量，对偏振三维重建中的多值性问题进行约束，实现自然场景下被动的高精度三维成像。

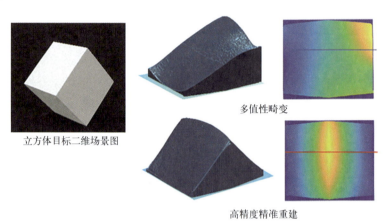

立方体目标二维场景图

多值性畸变

高精度精准重建

▲ 偏振三维成像

④ **光场调制投影**。光场调制投影是光学元件对光场的光强和相位等信息进行精密调控，以在观察平面上产生更高分辨率、更加真实的图像。这种技术可以用于各种应用，包括虚拟现实、增强现实、3D 显示等领域，对于创造沉浸式的视觉体验以及创新的显示应用具有重要意义。

▲ 光学调制投影应用于汽车产业

利用光场调制投影技术，构建大动态条件下目标信息非线性散射变换模型，实现非线性散射变换机理研究，可实现强光干扰下的逆光成像。以工业相机为例，当数字图像输出通道为8位深，也就是我们所谓的256级的灰度响应的情况下，即便完全利用探测器的能力，其成像动态范围$20*\lg(I_{max}/I_{min})$也就大约在48dB的水平。但拍摄现实场景时，其亮度变换范围是极为宽广的，因此成像时往往对明亮的地区可能曝光过度，而黑暗的区域可能曝光不足。利用光场调制投影技术，在空间上进行调制、分布上进行升维，我们实现了在仅使用普通工业相机的前提下扩展动态范围，对120dB大动态范围的场景成像，即一幅图像中最亮与最暗光强比为1000000倍。

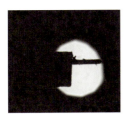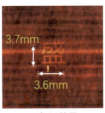

(a)70dB动态范围手机拍摄图　(b)调制后直接探测图　(c)复杂目标　(d)解译结果

▲ 逆光成像

（3）多维投影信息探测（计算探测器）

既然已经知道要利用光场的投影去解译目标信息，那么这些投影信息应该如何探测到呢？传统的点对点探测、端对端探测、强度探测等方式忽略了光场的物理特性，信息丢失严重。**如何提升信息捕获率，突破传统探测模式成了首要问题**。计算探测器摒弃传统只探测强度的方式，根据五个"更"的成像需求，联合材料、微电子、集成电路、数学和信息这些学科的知识，将计算成像非线性模型和光场映射方法融合到探测器中，设计出具有多维信息感知的探测元件，最终实现对空间、时间和物理多维度投影功能的探测。

例如：非均匀采样探测器通过改变采样程度对感兴趣的区域密集采样进行高分辨描述，对周边区域稀疏采样进行粗略表达，使得要处理的数据量得到压缩，选择性地获取感兴趣的信息；超表面计算探测器通过改变感光材料或者感光元件的阵列结构、信息编码方式、空间位置等，实现对光场波前振幅、相位以及偏振态的灵活调控，超表面作为微型镜头阵列，可以显著提高系统的集成度，并且具有对更多种的偏振和光谱的控制能力；感光计算探测器通过将神经网络算法集成到感光元件上，对单独传感像素的响应进行控制，这样，传感器阵列兼具图像感知和处理的功能，在探测的同时进行计算，减小了能耗和时延。

这些探测器的问世已经向探索计算探测器的道路迈向了一大步，但是仍存在分辨精度低、传输能耗大、制造工艺复杂等诸多问题。计算探测器作为目标探测和成像系统的核心器件，其探测性能、探测维度又是决定光学系统优劣的关键。在探测目标信号非常微弱，或者背景辐射比所探测目标的信号强度高出几个数量级的情况下，探测器能否打破现有单一维度探测的局限，甚至成为了某些特定环境探测器突破性能极限的瓶颈，未来还需要从多维度信息获取、基础架构、算法系统等多个层面协同创新，才能开发出高能效的新型计算成像探测系统。

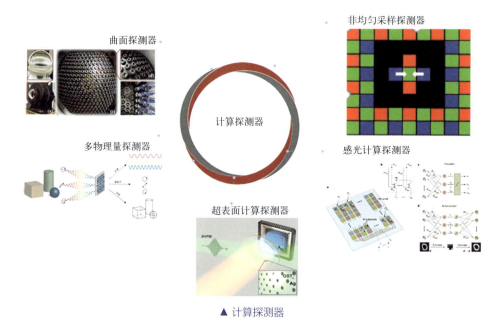

非均匀采样探测器

曲面探测器

计算探测器

多物理量探测器

感光计算探测器

超表面计算探测器

▲ 计算探测器

5. 范式设计的核心

计算成像的范式设计其实就是创新"菜谱"，根据客户"口味"（任务）选择光场"五味"做出"大餐"，其目的当然是要解决传统成像难以实现的问题，其核心就是在升维模式下，满足信息最大最优投影和恢复的原则，设计出全新的成像模型。这是一片广阔的天地，抓住机会，相信你写的论文一定可以达到 *Advanced Imaging* 杂志的水平。

　　傍晚，壮壮在食堂要了一份油泼面，还在思考范式的问题：原来黯然流泪饭与黯然销魂饭的差异出在范式设计上了，相同的食材，烹饪手段不同，结果当然不一样。计算光学成像的范式也是如此，同样都是偏振成像，但结果差异迥然，与信息投影方式和恢复方法都有关。

未来"图像"数据长什么样

——计算光学成像带来的数据革命

月黑风高夜，一个黑影身手敏捷，潜入机房，熟练地将小巧的U盘插入电脑，输入了一串字符。不到1分钟，他取走U盘，转身疾步闪入一个房间，灯也不开，将U盘塞入一个文件袋，抑制不住的兴奋让他甚至有些颤抖：等待多少年了，我小二黑终于可以腰杆硬一回！

得意往往蕴含着危机。可惜，小二黑不懂这些，他的眼里只有金钱。这次他终于有一个千载难逢的机会，基地更新了新的成像装备，核心图像数据一直是他的上级做梦都想拿到的，国外的主子一定会给他一个好价钱。小二黑故作镇定地坐在约好的咖啡馆，不自觉地抬起手腕看表。终于，过了好久，一个身着旗袍的高挑美女来到对面坐下，只一个眼神，小二黑就立马掏出U盘，恭恭敬敬递给那女人。只见那女人高傲地接过U盘，插入一个小巧设备，屏幕显示着数据拷贝的速度，转眼工夫，数据读取完毕。她娴熟地启动了一个程序，这种事对她来说轻车熟路，所有影像数据都能瞬间显示出来。只见那程序在打开数据时，似乎出了意外，她显得很焦虑，眉头也皱了起来。这个程序可是他们的至宝，花了巨资制作，从未失手。只见屏幕的指示有了变化，突然蹦出一个框：格式错误！

小二黑更是紧张，难道失手了？

其实，他并没有失手，只是他"不是不明白，这世界变化快！"原来，基地新换的设备采用了计算光学成像模式，图像数据发生了天翻地覆的变化，原先那一套竟然不好使了！

那么，计算成像的数据形式是什么？难道做了加密处理吗？

▲ 数据形式

1. 光场如何记录

如果说光场是计算成像的灵魂，那么，计算成像记录的就应该是光场信息。这种说法对吗？

首先，你很难去否定这句话，因为在逻辑上确实如此。可是，往细处琢磨，却发现这种说法不严谨，直接原因是目前光电探测器记录方式是能量（强度）的阵列化存储。

接下来，还得从光场的基本元素说起。光场的基本元素有强度、相位、偏振、光谱、时间和空间等，这些基本元素的特点是既有强度、偏振度、光谱、时间和空间这样的绝对量，也有相位、偏振角等相对量。很显然，绝对量可以直接存储，而相对量存储必须要借助于参考才能存储/还原其原值，典型如全息摄影，相位的存储是光的干涉条纹，还原时，必须要用同频率的激光作为参考才行。

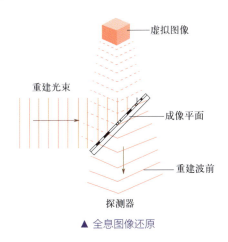

▲ 全息图像还原

然后来看成像探测器又是怎么工作的呢？我们现在用的成像探测器还有个名字叫焦平面阵列（Focal Plane Array，FPA），其实就是告诉我们光电成像存储的是矩阵形式的数据，这个数据是什么呢？焦平面阵列可以认为是由若干单元探测器组成的，而这些单元探测器本质上就是二极管，二极管接收到光电效应产生的电子后，将光的强度转化为电量，量化之后变成数字量。很显然，成像探测器得到的图像本质上就是一个由强度组成的空间阵列，而这个阵列的空间坐标就是采样点的位置，也就是说探测器完成了时间和强度信息的记录。

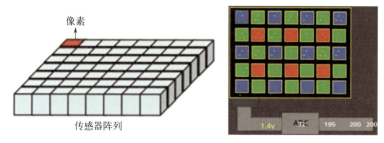

▲ 光电探测器

那么光场该如何存储呢？这确实是个问题，而且是大问题。问题出在两方面：

① 光场中的绝对量只有强度和空间能直接存储；

② 光场是高维度信息，焦平面阵列型探测器只是一个二维矩阵形式。

这其实是一个典型的一对多的 NP（No Positive Definite，非正定）问题。对于探测器而言，时间这个绝对量可以帧序列来存储，在时间分辨率要求不高时，都能解决问题，图像就变成了视频。光谱尽管也是一个绝对量，但是受材料影响，探测器的光谱响应曲线直接断送了跨越红外到可见光、紫外的超宽光谱探测器的幻想——不现实！目前记录光谱多采用时间换光谱、空间换光谱的办法。注意：时间、空间与光谱也都是绝对量。

再看看相对量吧，存储和还原必须要有参考量。相位怎么记录？可以在第 1 季《相位，到底是个啥》一文中寻找答案，明确是什么相位，然后找参考。典型的相位记录是结构光成像和干涉成像，相位都是以条纹的形式出现的，通过解相位包裹恢复出相位信息。那么偏振呢？相对而言，偏振比较粗暴简单，根据 Stokes 矢量分别记录 0°、45°、90° 和 135° 四个线偏振方向的子图像即可。你看，这其实是用时间或空间换偏振的方法。

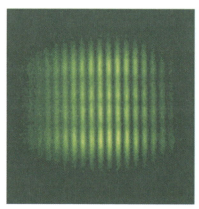

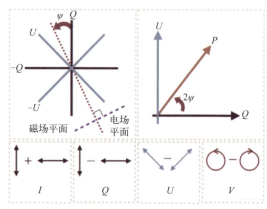

▲ 干涉条纹和 Stokes 矢量

那么，如果我想把强度、相位、偏振、光谱都得到，并且存储下来，那该怎么办？很显然，高维度的信息要以二维矩阵的方式记录下来，必须考虑各种投影关系，这将何其复杂？更何况，这里我们还没有考虑光场的投影关系以及复杂的变换域投影。

噫吁嚱，光场记录之难，难于上青天！

2. 还是矩阵吗

我们熟悉的图像都是矩形的，存储形式自然都是矩阵。可是，到了计算成像中，图像还是我们熟悉的矩阵吗？这其实取决于探测器。

"为什么受伤的总是我？"探测器不禁长叹一声！可不是嘛，在传统成像中，探测器作为成像链路中的最后一棒，光学系统的任务完成后，剩下来的压力自然就留给探测器了。在计算成像时代，我们一直呼吁计算探测器，其压力还可以传导到计算阶段，可是它却千呼万唤出不来。于是，大多数时候，我们不得不继续沿用传统的平面探测器，这个时候，记录成像数据依然还是矩阵，只是这个矩阵记录的不仅仅有强度，还有其他物理量。

探测器之所以采用平面，主要原因是为了适配不同焦距的光学系统，而且，矩阵特别适合做线性运算。当我们习惯于这种平面探测器时，应该想起鲁迅在《狂人日记》中说的一句话："从来如此，那便对吗？"这句话对我们科研工作者尤为重要。当我们改变不了别人时，可以改变自己。当然，改变别人比登天还难，这种念头一刻都不要有。于是，探测器需要"自我"革命。

在这一篇中，我们依然不讨论计算探测器。我们知道探测器的面型还有曲面的，甚至还有自由曲面的。简单起见，在这里，我们只讨论球面探测器这一种情况。

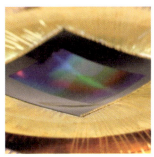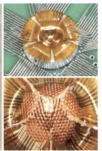

▲ 曲面探测器

假设球面探测器的曲率半径为 r，球冠的高度为 h，则球冠的面积为 $S = 2\pi rh$。

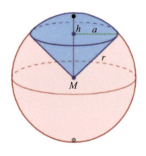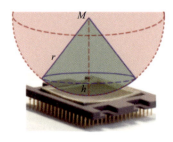

▲ 球冠面积计算

这时，你看到了什么？一个无理数 π 直接宣告矩阵的终结！是啊，坐标该怎么设计？还是熟悉的 (x, y) 吗？"无路可走"时的出路就是开辟新的道路，此时，我们应该果断地放弃笛卡儿坐标系，极坐标就是一个好的选择，它可以方便地将空间两点的关系表示为夹角和距离，被广泛应用于航空、航海以及机器人等领域。在地理学中，地球表面是一个球面，而地图是平面，为了将球面投影到平面上制作地图，需要使用共形映射方法。其中，球面到平面的赤平极射投影是常用的投影方式之一。采用共形映射可以保持地球上不同区域的角度关系不变，使得地图更加直观易读，并满足测量和导航的需求。

平面探测器上笛卡儿网格划分是横平竖直的，但是在球体上看起来是扭曲的。尽管在球面上网格线仍然保持垂直，但网格方格的面积随着它们接近北极而缩小。平面探测器上极坐标网格在球面上同样保持垂直，而且看起来不再那么扭曲，但网格扇区的面积仍会随着它们接近北极而缩小。

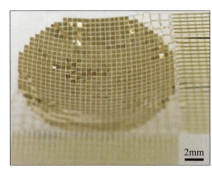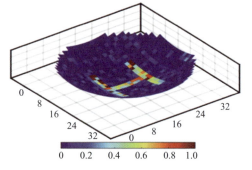

▲ 曲面探测器

这种扇区面积的渐变，很容易让人联想到光学系统设计中的场曲和畸变，此时，我们或许可以通过曲面探测器将它们都统统搞定。理论上，曲面探测器阵列无法通过方形像元密集排列而成，实际上的像元之间存在间隙，因此可通过将平面弯曲而得到曲面探测器，但却一定程度上降低了填充率。解决这个问题的思路便是在极坐标系下优化像元布局，而不是仅仅将平面掰弯。

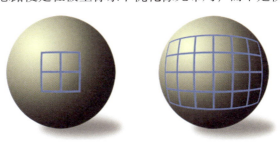

▲ 采样网格畸变与视场角的关系示意图

3. 看到的都是视角：光场解译与图像

尼采说："我们看到的都是视角，没有真相"。

对于计算成像而言，记录的光场信息需要解译之后才能得到"见所欲见、见所未见"的图像。在这里，我们需要注意：解译后得到的图像其实是光场信息的一个或者多个视图，也就是说，光场的解译目的和方法不同，得到的结果也不同，导致我们看到的都是特定视角下的结果。我们来看目标光场本身，它的传播方向、振幅分布、偏振分布、光谱分布、相位分布等等都携带有关于目标的信息：利用光场传播方向可以对目标进行定位，在单光子非视域成像中一个重要的思路就是光波交会出目标所在；利用光谱分布即可辨析物体的材质特性，从而实现伪装识别或真伪鉴定；利用相位分布能够对物体的三维形貌进行重建或者对透明物体成像，等等。但这些应用还是属于各自单一维度信息的解译，其实光场中这几个物理维度间更高阶的交互信息更能

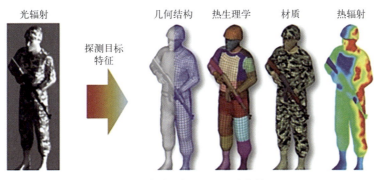

光辐射　　　　　　　　几何结构　热生理学　　材质　　热辐射

探测目标
特征

▲ 利用目标光场解译不同层次的特征

反映成像目标的特征，即"指纹"，这也是计算成像努力的方向——直指成像目标的本质，当然这离不开更适用于光场信息探测的计算探测器。

为了帮助大家更好地理解光场记录和解译，下面举几个典型计算成像的例子。

（1）散射成像

如果留心观察，生活中处处都有散射成像的身影。抬头看到的蔚蓝的天空、美丽的火烧云，这些都是散射造成的视觉奇观；当然，下雨天或恼人的雾霾天时，散射又会遮挡我们的视线，让我们看不清、看不远。在生物成像中，散射现象尤为明显，我们想要透过皮肤看清体内的组织，然而探测到的信号却是看起来杂乱无章的散斑图像。为了从这些图像中恢复出深层组织信息，需要获知散射介质对入射光场波前的扰动，然而我们的探测器仅对光场强度信息敏感，丢失了光场的相位部分。因此，如若能恢复出光场的相位信息，则可以实现物理"透视"，相位恢复在其中扮演着无可替代的角色。

相位恢复技术又可以分为确定型相位恢复及迭代型相位恢复两种。前者主要基于光干涉（同轴全息、离轴全息、相移干涉等）或光强传输方程，根据图像离焦量与相位变化关系来确定性求解光场相位。后者，则主要基于交替投影技术，在空域及傅里叶域或其他变换域中进行交替投影，并辅以两个域中的限定条件，通过迭代的手段，实现扰动光场相位的猜测。

由于相位恢复的病态及非凸性，采集单帧图像进行复原往往存在孪生像及陷入局部极小等问题。通过增加采集强度图像数量，可以在一定程度上缓解这一问题，多距离相位恢复及叠层成像就是高精度相位成像中成功的应用案例。

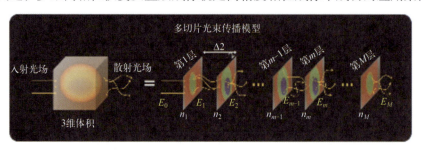

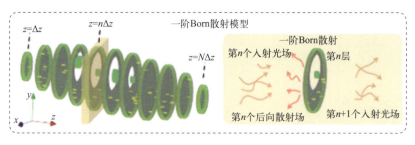

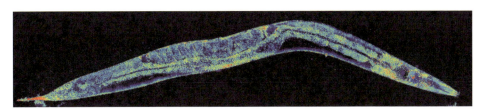

▲ 多距离相位恢复

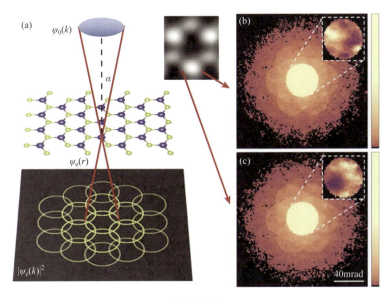

▲ 叠层成像

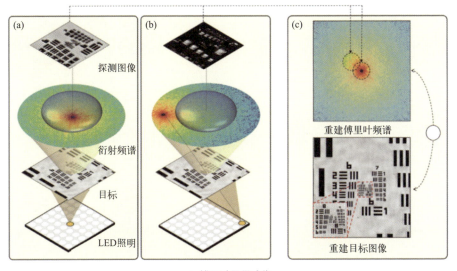

▲ 傅里叶叠层成像

未来"图像"数据长什么样——计算光学成像带来的数据革命

（2）偏振三维成像

偏振三维成像记录并解译了光场中的强度、偏振等多维信息。偏振三维成像的原理简单而言，就是利用不同偏振方向图像的数据计算得到偏振度和偏振角。而偏振度和偏振角的信息能够建立起与物体三维形貌间的直接映射，实现对目标相对深度信息的反演和重构，这是利用光场高维度特性，通过对"图像"数据记录和解译，得到真实客观世界的直观三维感知。其中需要注意的是：由偏振三维成像解译出来的"深度"是相对值，只有提供了物体的距离信息，才能计算出实际的物理深度。

目前，我们已经在 500km 遥感轨道等多个自然场景下进行了"图像"数据记录和解译应用并得到了实际验证，取得了良好的效果。其中，我们发现偏振三维成像的精度能达到 10^{-5} 量级，对于一般的被动三维探测技术，这个精度非常难以实现。而通过对光场信息的记录和解译，可以在物理光学领域推动远距离、被动、高精度三维成像技术的实现。

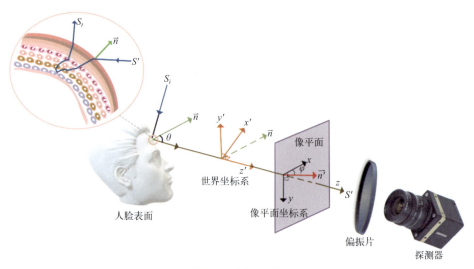

▲ 偏振三维成像信息解译

（3）结构光成像

结构光三维成像也是光场记录与解译的典型例子。结构光三维成像通过将调制结构光场投影到目标表面，通过相机记录目标表面结构光场投影的强度变化或飞行时间的变化，利用复现算法实现目标表面三维结构的测量。结构光三维成像可分为空间调制和时间调制两大类。时间调制主要依赖时间飞行法，通过判断光子飞行时间的差异反推出不同区域光程之间的变化，最终得到目标表面的三维形貌。空间调制是将光场编码为结构化图案，如正弦条纹、散斑等形式，投影到目标表面。目标表面由于高度的起伏会对投影图案产生差异化调制，然后用相机记录结构图案的变化，就能计算得到目标表面的三维形貌。

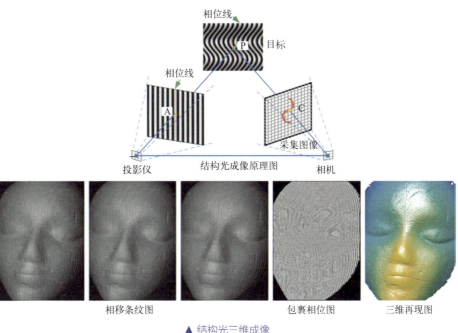

结构光成像原理图

相移条纹图　　　　　　　　包裹相位图　　　　三维再现图

▲ 结构光三维成像

（4）全息成像

当一束光经目标表面反射或穿过待测目标时，其强度和相位均会发生变化，但传统相机直接成像或眼睛直接观察时只能看到光波强度的变化，无法对相位信息产生精确感知，也无法定量获取目标的高度或折射率变化等信息。为了获取光波的"全部"信息，全息技术应运而生。

全息成像可以分为波前的记录与再现两个过程。波前记录是在传统直接强度成像的基础上引入了一束参考光，当经目标调制后的物光和参考光发生干涉时，经目标调制后的光场信息就被编码在干涉条纹中，这时利用相机、干板等感光器件记录该干涉条纹，就能够实现目标光场信息的"全记录"。由于干涉条纹并不符合人眼的观察特点，也无法直接获取物光波的强度和相位变化信息，对干涉条纹的再现就是全息成像的另一个重要步骤，称为波前再现。波前再现的过程就是利用一束再现光波照射记录到的干涉条纹，此时就能观察到物光场的变化信息。如果采用数字重建的方式，还可以根据物光场相位的变化，定量计算出不透明目标的高度变化或透明目标的折射率、浓度等变化信息。

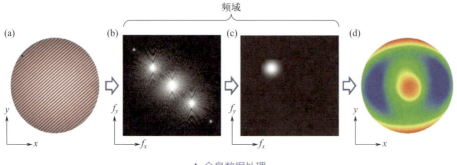

(a)   (b)   (c)   (d)

▲ 全息数据处理

（5）压缩光谱成像

光谱成像的目的是获取目标的二维空间信息与一维光谱信息，即三维数据立方体，进而利用目标的空谱特征实现其检测与识别。区别于以时间换光谱的空间维／光谱维扫描式光谱成像方法，**基于压缩感知理论的光谱成像方法通过采用压缩采样、计算重构这种以空间换光谱的方式**，可同时采集目标所有空谱信息，实现非扫描的快照式光谱成像。

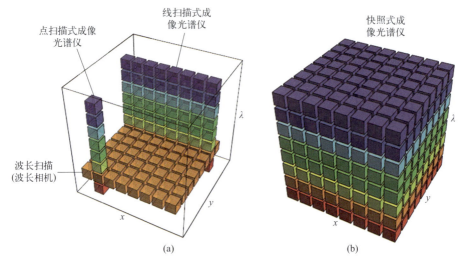

▲ 扫描式光谱成像和快照式光谱成像

在压缩光谱成像系统中，入射的三维数据立方体需要经过空间调制、光谱调制处理，即对目标的空谱数据进行编码，使其发生混叠形成二维数组，进而被二维探测器记录下来，然后通过压缩感知重构解码算法从混叠的二维图谱数据中恢复出目标在各个波段下的光谱图像。其中，空间调制通过二维的编码孔径来实现。目前，编码孔径已经由静态的石英镀铬掩模发展到了动态的编码模板，如液晶空间光调制器和数字微镜器件（Digital Micromirror Device，DMD）。

而光谱调制则主要通过色散或衍射元件来实现，如色散棱镜或衍射光栅等。

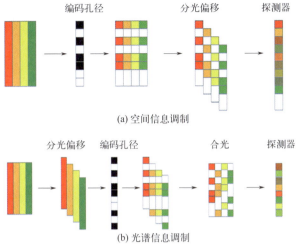

(a) 空间信息调制

(b) 光谱信息调制

▲ 空间信息调制和光谱信息调制

编码孔径压缩光谱成像（Compressive Coded Aperture Spectral Imaging, CCASI）是一种非常经典的压缩光谱成像系统。以美国特拉华大学开发的 CCASI 系统为例，当采用一次测量、编码和解码的方案时，可重构出目标在可见光波段内的 24 个通道的光谱图像，通过将第 16 个通道与第 21 个通道下的光谱图像进行融合，可得到最终的探测结果。可以看出，一次测量、编码

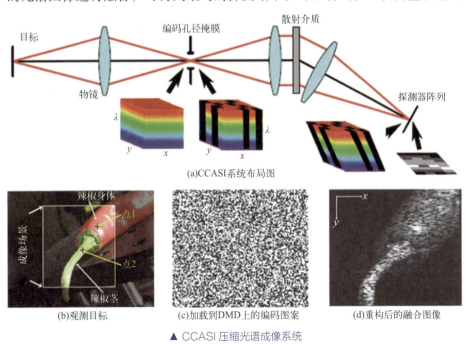

(a)CCASI系统布局图

(b)观测目标

(c)加载到DMD上的编码图案

(d)重构后的融合图像

▲ CCASI 压缩光谱成像系统

和解码的方案所获得的图像并不清晰，而且虽然采集时间很短，但却花费了长达 24min 的重构时间。因此，采样和重构的过程共同决定了压缩光谱成像的探测效率和成像质量。

4. 计算成像的使命：只跑第一棒

我们做事的原则是：专业的人干专业的事儿。

如果把计算成像和图像处理看成接力赛的话，计算成像跑第一棒，而且只跑第一棒。因为计算成像研究人员擅长的是设计成像的范式，专心做好成像就很不容易了。在这一段赛程中，只要能够将光场解译算法公之于众，就算跑完，剩下的就是将第二棒交给图像处理人员，因为他们才是专业的。

这个过程其实是这样的：经过计算成像范式设计，光场信息经过投影变换后，由探测器记录下光场数据，然后根据反投影变换最大化恢复光场信息；再根据成像物理模型设计解译算法，得到图像结果。这个过程都是接力赛第一棒应该完成的任务。接下来，图像处理者要做的是优化解译算法，将更专业的图像处理技术应用到图像效果的改善中，进一步提升图像质量。

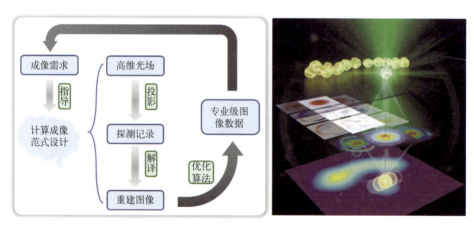

▲ 光场→投影→光场记录→解译→视图（图像）→→更专业的图像数据

很显然，对于图像处理研究人员而言，计算成像复杂的物理名词和物理过程，让其望而止步。那么，应该怎么沟通呢？

在科技领域，通用的语言是数学。对，唯有数学。那么，计算成像的算法必须用数学语言描述清楚。

下面举一个偏振三维成像的例子来说明这个问题。针对偏振三维成像技术，我们已经对单个目标、多目标自然场景、彩色目标，甚至是百公里级的遥感场景进行了测试。随着场景和目标越来越复杂，所需的解译手段和方法也越发复杂。为了使读者更加容易理解偏振三维成像，我们选取了一个漫反射纸杯作为目标，来对偏振三维成像技术中的"图像"数据记录和解译过程进行数学描述。这也是我们第一次公开披露数据与方法细节，相关数据欢迎大家下载使用与比对！

算法：计算偏振三维成像。

输入：采集的四幅偏振子图像 I_0、I_{45}、I_{90}、I_{135}。

输出：对应目标的相对深度 Z// 利用斯托克斯公式计算偏振度 (DoP) 与偏振角 (AoP) ① ：$S_0 = (I_0 + I_{45} + I_{90} + I_{135})/2$; $S_1 = I_0 - I_{90}$; $S_2 = I_{45} - I_{135}$; ② ：$DoP = $ sqrt $(S_1 \char94 2 + S_2 \char94 2)/S_0$; $AoP = 1/2*$arctan$^2(S_2, S_1)$; ③ ：由 DoP 计算法线天顶角 *theta*；④ ：由 I_0 获取目标梯度场先验信息 *p_depth*、*q_depth*// 由 *theta* 和 AoP 计算歧义的法线（梯度场）；⑤ ：$p = $ tan(*theta*)*cos(AoP); ⑥ ：$q = $ tan(*theta*)*sin(AoP)// 利用先验信息对歧义梯度场进行校正；⑦ ：***if*** *p*p_depth>0: p_aftercor = p; **else**: p_aftercor = –p*; ⑧ ：同理，***if*** *q*q_depth>0: q_aftercor = q; **else**: q_aftercor = –q*// 利用 Frankot-Chellappa 算法由梯度场恢复出深度信息；⑨ ：$Z = DepthfromGradient(p\_aftercor, q\_aftercor)$。

输入：从左至右依次是 I_0、I_{45}、I_{90}、I_{135}。

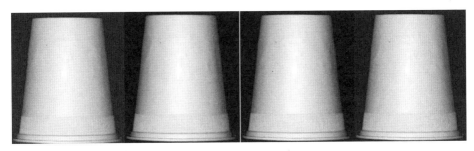

① ：从左至右依次是 S_0、S_1、S_2；

②：从左至右依次是 *DoP*、*AoP* ；

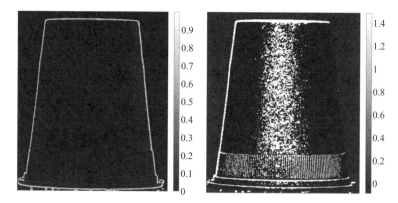

③：*theta* ；

④：从左至右依次是 *p_depth*、*q_depth* ；

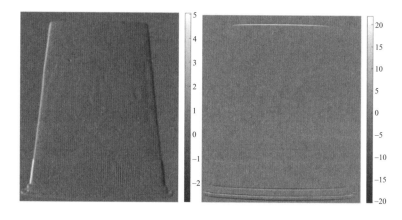

⑤～⑥：从左至右依次是 p、q；

⑦：重建结果 Z。

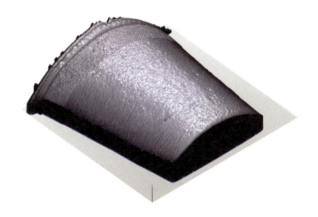

5. 挑战

很显然，计算成像光场解译的算法简直就是密钥，只有掌握了这把钥匙，才能打开计算成像的大门。不懂数据格式，没有光场解译算法，将无法还原数据。对于一个接力赛而言，只有跑完全程才行。因此，以开放的心态，公开数据格式和光场解译算法，让专业的人进入计算成像体系，才会有更好的发展。这些全新的数据和光场解译算法，其实是给现有的图像处理做了升维，升级到下一个时代。

当然，如果处于特殊的应用场合，计算光学成像的数据和解译算法无疑就是一把天然的密钥，可以让数据更安全，也可以在数据中隐藏秘密信息，而打开这个秘密信息必须要有第二把钥匙，即使你得到了公开的解译算法也没用，因为它只能打开第一道门。

因为不懂计算成像，小二黑的间谍生涯从此画上了句号。他在监狱中后悔不已，在撞到了南墙后终于认识到自己的问题：没有加强业务学习，成天刷抖音、看视频，不听技术报告，专栏文章懒得看，明明现在可以"听专栏"了，却也不曾动过收听的念头。领导曾经批评过他："你以为你是 XX 大学的研究生啊！让你去听'计算成像'课，上课时你却连纸和笔都不带，只带手机，文章也不看！"他心里不服，心道："我的专业是 digital image processing，哼！"

看得更广的大眼睛
——广域高分辨率成像的挑战

场景一

西北小镇某机场，雷达一圈一圈地扫着，突然在屏幕上显示出一个亮点，值班的小王随即发送指令给光电经纬仪，过了 10 秒左右，随着扫视视场在屏幕中快速闪动停下后，图像画面呈现出一架闯入禁飞区的无人机。就在小王将情况汇报给上级时，雷达屏幕上又出现了多个跳动的亮点，而且还处在不同的区域。小王快速操作光电经纬仪，又经过 10 多秒，看到其中一个亮点区域后，还没来得及看清图像，雷达又突然报警……小王手忙脚乱，最终也没有全部确认这些亮点到底是无人机还是鸟群。

场景二

在 H 公司第 25 届海参杯足球赛的总结大会上，公司首席科学家黄总脸色铁青，他已经被上级领导请去喝过好几次茶，原因就是在比赛过程中发生了有预谋的球迷闹事事件，观众席中不同位置出现带头闹事的苗头，他们却没有及时发现，甚至让好多带头者溜走。尽管 H 公司事先立下军令状，说他们的监控摄像头犹如天罗地网，苍蝇也逃不过监控区域。的确，进球时守门员喝水动作拍得很清楚，连眼神都捕捉很到位。可是，在比赛的第一天，他们就发现这些分布在不同角落、不同焦距的摄像头在协作时出现了问题：不能同步，不能联动，一旦多点触发，系统就面临瘫痪的危险。最终，黄总那引以为自豪的视觉监控系统败得一塌糊涂，上了头条。

场景三

今天是老侯到市里领奖的日子，老头子收拾打扮了好半天，心里乐啊。终于，他负责的海水浴场受到了市里的表彰，今年的溺水事故发生率为 0。这简直不敢想象啊！他们的海水浴场水质好、沙滩好，每年夏天来旅游的人很多。可是，海水浴场海岸线很长，安全就成了问题。一次偶然的机会，老侯知道有广域高分辨率相机这样的好东西，经过多次调研，在夏天到来之前，他购买了多台广域高分辨率相机，在岸边每间隔一段距离安装一台即可覆盖整个海水浴场区域。每年夏天，时有游泳者越过警戒线，闯入深海区，发生溺水。在近海区，因为各种原因导致的溺水事件就更多了。之前，老侯也买过几台高分辨率相机，看得倒是很清楚，可是视场太小，只能看很小的一块区域，根本解决不了问题。想到这些，老侯感慨万分，这些设备解决了大问题，而且还减少了值班人数。

很显然，以上三个场景都聚焦到了一个词——广域高分辨率（或称大视场高分辨率、宽视场高分辨率），也就是说，在应用中拥有高分辨率同时兼顾大视场的场景很多，而这样的产品却不多。为什么呢？

▲ 海水浴场

▲ 广域高分辨率

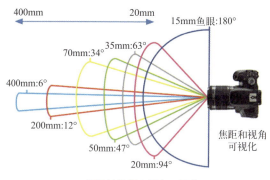

▲ 相机的焦距和视角可视化

1. ▶ 大视场高分辨率的魔咒：空间带宽积

光学系统的空间带宽积（Space-bandwidth Product, SBP）最早于 1910 年

由阿贝提出，是对系统所含信息通量（系统自由度）的无量纲评价指标。对光学系统而言，SBP 被定义为系统空间频率带宽 Δv 和成像视场（空间幅度）Δx 的乘积 $f_{SBP} = \Delta v \Delta x$。如果光学镜头焦距为 f，口径为 D，则 $f_{SBP} = D^2/4\lambda f$。

物镜 @FN22	分辨率 @532nm	空间带宽积 Product
2×/0.08NA	3325nm	34.4MP
4×/0.1NA	2660nm	13.4MP
10×/0.25NA	1064nm	13.4MP
20×/0.45NA	591nm	10.9MP
40×/0.6NA	443nm	4.8MP
60×/0.75NA	355nm	3.4MP
100×/0.9NA	296nm	1.7MP

▲ 空间带宽积

通常，探测器的采样过程也会降低空间带宽积。下面，我们来看看什么是视场和瞬时视场角。视场（Field of View，FoV）指的是在成像系统或传感器上可以观察到或捕捉到的完整景象或区域的角度范围，而瞬时视场角（instantaneous Field of View，iFoV）表示的是某一瞬间内，成像系统或传感器所能够捕捉到的景象或区域的角度范围，它是视场的一个子集。假设探测器尺寸为 $A \times B$，像元尺寸为 $a \times a$，光学系统的焦距为 f，那么水平视场（Horizontal Field of View，HFoV）和垂直视场（Vertical Field of View，VFoV）可分别表示为 $2\arctan(A/2f)$ 和 $2\arctan(B/2f)$，对角视场（Diagonal Field of View，DFoV）为 $2\arctan(\sqrt{A^2+B^2}/2f)$，瞬时视场则为 a/f。

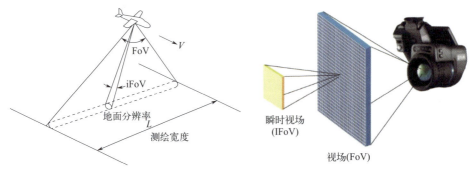

▲ 视场和瞬时视场

因为空间分辨率（即一个像素）与瞬时视场角一一对应，瞬时视场角越小，空间分辨率越高。那么对探测器而言，水平与垂直方向像素数已固定，则视场可以近似认为是像素数乘以瞬时视场角。这恰恰就是空间带宽积的简单表述。想要获得较大的视场范围成像，就需要减小系统焦距 f，而选取的探测器像元尺寸是不变的，那么焦距 f 减小将导致光学系统 iFoV 增大，也就是探测器像素密度降低，分辨率下降。相反，要在同等视场情况下使系统分辨率达到更高水平，只能降低成像视场。

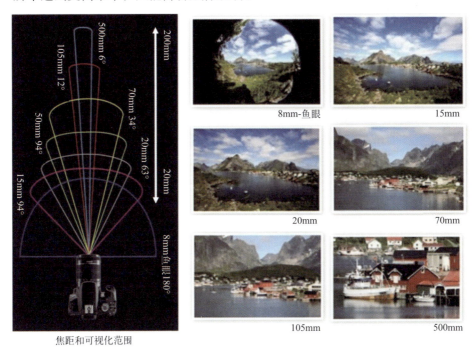

焦距和可视化范围

▲ 视场与分辨率

很显然，空间带宽积**分辨率与视场是相互制约的**，追求高分辨率就得牺牲视场，而追求视场就要牺牲分辨率。现有的成像镜头的空间带宽积都在千万像素量级，且随着镜头焦距的提高（角分辨率提高），成像系统的空间带宽积不但没有提升，反而有所下降。这种有限的空间带宽积是制约广域监视、高分辨率成像的关键瓶颈。那么，我们该如何去突破这个限制呢？

想要突破，就必须要找到边界条件。所谓的"分辨率与视场是相互制约的"这一说法的前提是使用**单一探测器**，其感光面尺寸已固化，这就是其边界条件。从视场角的公式中，我们可以看到，感光面的尺寸直接影响视场的大小。于是，突破就要从探测器入手，**要么将探测器尺寸做大，要么多个拼接**。于是，面向视场的战斗就有两条主线：一是探测器固定的；另一个是探测器不固定的。为了描述方便，我们把只用单个探测器的空间带宽积记为 $1-f_{SBP}$，把用 n 个探测器的空间带宽积记为 $n-f_{SBP}$。

空间

空域

带宽

空间频域

标准物镜			
放大倍数/数值孔径	瑞利分辨率/μm	视场直径/mm	空间带宽积/百万
2×/0.08	4.20	13.3	37
4×/0.16	2.10	6.63	37
10×/0.4	0.84	2.65	37
20×/0.75	0.45	1.33	32
40×/0.95	0.35	0.663	13
60×/1.35	0.25	0.442	12
100×/1.4	0.24	0.265	4.5

▲ 视场和空间带宽积

2. 打响拓宽视场的第一枪：从 $1-f_{\mathrm{SBP}}$ 开始

当只有一个探测器而且需要大视场时，我们只能从 $1-f_{\mathrm{SBP}}$ 开始。

第一条路线：只有一个探测器，而且感光面尺寸固定。此时，根据视场角计算公式，要想获得更大视场，就要缩短焦距，于是，在摄影中就出现了广角和超广角的说法，甚至出现了鱼眼镜头。以 135 相机为例，一般焦距小于 35mm 的摄影镜头都称之为广角镜头，如果焦距到了 8mm 甚至更短，这时候就进入了"鱼"的视角，其竟然可以超过 180° 视场！

▲ 鱼眼镜头及其成像效果

在光学上还有没有其他办法呢？当然有，于是出现了"环带"的大视场光学设计方法。

　　"环带"是大视场光学设计的另外一种方法。全景环带光学系统是受扇贝眼睛的启示所发展起来的一种折反射式光学系统，其结构主要包括全景头部单元和中继透镜系统。全景头部单元主要通过对光线的折反获取大视场的成像范围。中继透镜将头部单元所成的虚像进行二次成像，获得合适的放大倍率和成像范围。由于该系统在像面中心有一个圆形盲区，这就形成了一个圆环形像面，因此该系统被称为全景环带光学系统。

全景环带镜头　　　　　　　　　　　　鱼眼镜头

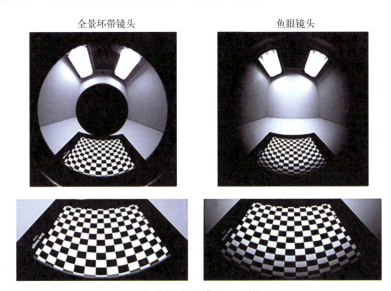

▲ 全景"环带"光学系统

　　无论广角还是环带，我们看到的图像往往畸变很明显，甚至很夸张。典型的就是鱼眼镜头，通常中心分辨率很高，而边缘处图像"挤压"严重，分辨率也存在问题，而且，探测器周边浪费了很多空间，让本不富裕的"像素数"雪上加霜。

▲ 鱼眼镜头的像面

很显然，受空间带宽积的约束，视场与分辨率不可兼得，在一个探测器下同时获得大视场和高分辨率是不可能的。于是，我们顺着升维的思路来考虑，就有了第二条路线，即在时间和空间维度上拓展，从 $1-f_{SBP}$ 到 $n-f_{SBP}$。这也就意味着有两种方法：①时间换空间（扫描成像）；②增加探测器数量。

对于"时间换空间"的把戏，我们已经玩得很多了，从遥感卫星的推扫成像，到手机的全景摄影，用了较小的代价换取了宽视场高分辨率的成像。当然，手机摄影中大多会牺牲空间分辨率，这是因为算力受限，从实时性角度考虑，就只有牺牲分辨率了。

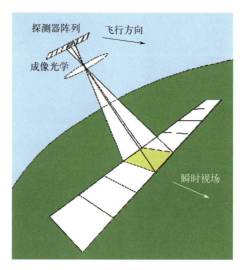

▲ 推扫成像

下面，我们重点来看一下仿生复眼的多孔径成像方式，这也是目前解决宽视场高分辨率最有效的方法。

3. 来自动物的启迪：复眼与多孔径

拥有复眼的动物很多，而且都是低等动物。最为我们熟知的复眼动物是苍蝇，尽管一提起苍蝇就觉得恶心，但它的眼睛却很值得研究，甚至在高分辨率成像下，它的复眼看着还挺好看。

动物的复眼大致可以分为以下两类。

① 独立分布的多目者，如蜘蛛、蝎子、扇贝、螃蟹、海胆等。

蜘蛛的眼睛很有趣，不同种类的蜘蛛，眼睛数量也不一样。大部分蜘蛛有 8 只大小不一的眼睛，有一些蜘蛛是 6 只眼睛，还有少部分蜘蛛没有眼睛，或者有 2 个、4 个或 12 个。其特点是中间有一对主眼，然后有一圈小一点的辅眼围绕其周围。我还见过蜘蛛背上有一只大眼，周围有一圈小眼。很显然，那只大眼睛是分辨率最高的，外圈的小眼睛负责远距离预警，小眼睛一旦激活，便启动那只大眼睛以确认危险程度。

▲ 蜘蛛的眼睛

怎么，还有扇贝？没错，扇贝的眼睛长在贝壳的边缘，当你抓住它的贝壳时，有上百只小眼睛在怒视着你，你却因为无知而视而不见。扇贝的眼睛大概也就是多个低级的小眼睛注视着周围，决定取食还是逃生。根据不同的品种，每个小小的扇贝居然都有少则几十只，多则 200 只的眼睛，这些眼睛长在贝壳边缘小小的触手顶端，围绕着扇贝的壳 360° 都有分布，达到了眼观六路的目的。

▲ 扇贝的眼睛

这一类复眼对应在光学上，其实就是多孔径相机模式。这种模式的相机设计自由度较大，可以根据不同的需求选取不同焦距的镜头、多个光谱谱段甚至偏振，能加的都给加上，只要你有预算。当然，最经济的方法还是每个孔径都相同的设计，视场好设计，分辨率好控制，甚至成本都好计算。这也是最常用的、最简单的多孔径方法，需要的主要算法是图像拼接、非均匀性校正和目标检测。

② 复合多目者，简称复眼。甲壳类和昆虫类大都拥有复眼，如虾蛄、苍蝇、蚊子、蜜蜂等。它们的特点是这些小眼睛按照一定的曲率分布组合在一只大眼睛上，由上千个小眼睛的低分辨率图可以重构出较高分辨率的图像，而且每个小眼还能兼顾360°视场的预警工作。这就是打蚊子时，为啥要慢慢抬起手，以迅雷不及掩耳之势出手，按预判蚊子飞行的正确方向打去，才有可能打中目标。当然，蜜蜂的复眼还能感受比人类更多的颜色，因为它们每天打交道的是五颜六色的花儿。

虾蛄是我们系列科普文中的常客，它的视觉特点是偏振 + 多光谱，也许正是靠着这么一套发达的"视觉"系统，这个远古低等动物才能继续生存在这个星球上，还经常被端上人类的餐桌。

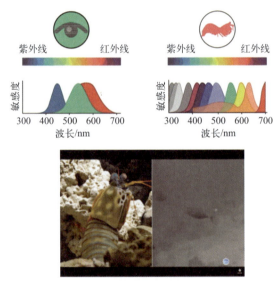

▲ 虾蛄多光谱成像与偏振成像能力

目前的偏振光谱成像技术面临着信息获取速度慢、成本高、光谱通道少、成像系统复杂等问题，与虾蛄的自然视觉比，差距还很大。为了验证虾蛄的偏振多光谱成像，我们甚至还做了个简单的实验，设计了一种偏振多光谱相机。该相机系统将光谱和偏振进行编码模板，通过偏振相机能够在一次曝光期间获取场景信息，解译得到光谱信息矩阵和偏振信息矩阵，实现检测某一场景的偏振斯托克斯信息，既可以三维成像，而且还能解译出多光谱信息，做到光谱识别。倘若利用合适的复原方法，将多光谱反演为高光谱，这个类虾蛄视觉式的相机将获得远比虾蛄更强的物体识别能力！这个相机与广域高分辨率无关，后续再详细讲解。

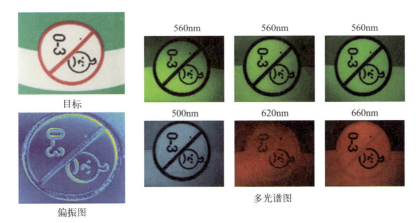

▲ 偏振 - 光谱编码的同时成像

那么，对于广域高分辨率成像该怎么发展呢？

对于第一类，其发展路线很简单，就是简单的相机视场拼接，从 $1 - f_{SBP}$ 很容易拓展到 $n - f_{SBP}$，需要多高的分辨率，设计好单个光学成像系统，然后根据水平和垂直视场的需求，各自算出需要几排几列相机，组合起来，就是一台多孔径的相机。

▲ 西安电子科技大学的多孔径相机

对于第二类，情况就复杂多了，但其根本原因是探测器尺寸受限。设想一下，如果有足够大的探测器，何愁没有大视场呢？再仔细想，即使有了更大的探测器，可能也满足不了我们对视场和分辨率的需求啊！那该怎么办？

答曰：拼！

4. 拼了

我们重点讲的是第二类复眼成像方法，解决途径就是拼。那么，问题来了，拼什么？答案很简单：探测器和视场。于是，就有了两条截然不同的路线：拼接探测器和拼接像场。

（1）拼接探测器

拼接探测器很容易理解，把若干个小的探测器拼接成一个大靶面的探测器，这不就解决了探测器尺寸的问题了吗？

你可能会说：简单，这个工作其实跟贴瓷砖差不多嘛！确实如此。可是，你马上就会发现问题：有缝！例如 LSST 望远镜将 9 个像素为 4096×4096 的 CCD 探测器组成模块，21 个模块共同拼接，实现总像素数超过 32 亿的成像靶面阵列。

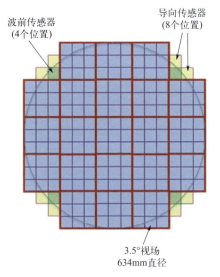

波前传感器
(4个位置)

导向传感器
(8个位置)

3.5°视场
634mm直径

▲ LSST 望远镜的靶面阵列

没错，就是因为这个讨厌缝隙的存在，让我们的成像视场不再完整，出现了很多缺失的区域，如果目标进入了缺失区域，自然就成不了像，这违背了成像的基本要求。

怎么能去掉缝呢？即使把封装升级得再好，这条缝也无法彻底去除！很显然，在一个物理空间中拼接两个探测器不可能避免缝隙问题，那么我们就考虑一下用多个物理空间解决这个问题吧。于是，ARGUS 系统应运而生，其利用了提供给手机与小相机的百万像素 CMOS 成像仪，组成 4 个焦平面阵列。为了克服由于加工工艺所限造成的无法完美拼接问题，ARGUS 采用四个共光系统分别与每 1/4 个焦平面相结合，通过棋盘模式填充活跃像素，并保证相邻成像系统之间存在适当的重叠，以此可对整个地面区域进行成像。

▲ ARGUS 共光系统及成像示意图

不过，ARGUS 也付出了很高的代价，那就是用了 4 个光学镜头共视场成像，重量体积肯定都小不了；而且，这种拼接还有一个很难的问题，那就是每个探测器要保证共平面，一旦不平或倾斜，就会出现离焦模糊的问题。这个问题的难度一点也不亚于"补缝"。

（2）拼接像场

像场怎么拼接？答曰：二次成像。既然我们可以设计出大视场成像的光学系统，只是成像探测器尺寸不够，那么通过二次成像方式，成到多个探测器上，最后拼接图像不就解决了缝隙的问题了吗？答案就是如此。

那么，问题来了，设计什么样的光学系统最经济呢？如果一个光学系统具有良好的对称性，其像场必然也具有均匀分布特性，此时，二次成像的光学系统可以做到简单统一，从成本到算法上，肯定最经济。

于是，AWARE 系统出现了。它的设计理念是采用"单眼 + 复眼"的成像模式：一个理想的球透镜，其像场为半球形，而且具有球对称特性，各种像差也相同；把它看成一个足球表面，每一块皮子就是要二次成像的像场子区间；按照一定面积的重叠区域考虑，每块"皮子"分别二次成像，经过像差校正，拼接起来，就是一幅大视场高分辨率的图像。

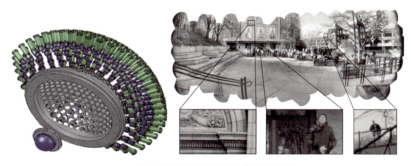

▲ AWARE 系统结构图及成像效果图

很显然，这种做法看起来更经济一些。但是，它也有它的问题，第一个问题就是主镜头的焦距无法做太大，主要原因是没有那么大的玻璃材料，而且随着焦距变长，重量剧增。对很远距离成像而言，十几度到三十几度的视场已经很大了，又要长焦距，还要轻量化，还要大视场，怎么办？根据拼接视场的设计原则，考虑对称性较好的双高斯光学系统也不失为一种好的方案，于是就有了 AWARE 40 的设计。

▲ AWARE 40 系统及成像效果

说到这里，你也许会觉得轻松了不少，可是，你却不知具备广域高分辨率成像的"大眼睛"却有着它的苦恼。

5. "大眼睛"的苦恼

那么，"大眼睛"最大的苦恼是什么呢？空间带宽积在数字成像中其实就是水平与垂直像素数的乘积，这就是海量数据。是的，一幅图像动辄以亿为单位数，别说处理，就是硬盘也不够用啊！

▲ 海量数据

怎么办？

分而治之。既然每一路子相机都有单独的电路系统，那么，我们把存储和处理也做到每一路子相机中，这样不就可以做分布式处理了吗？答案很简单，但做起来可不容易。

我们在解决这个问题时的考虑是这样的：每个子相机分别拥有自己的ID，背负一块大容量存储Flash板卡，能够将图像数据按照拍摄时间的编码顺序存储下来；同时拥有独立的图像处理模块，运行目标检测跟踪算法，考虑到运行速度的问题，采用高虚警率的图像检测算法，保证做到"宁可错杀一千，绝不放过一个"。此时，该模块输出的是带着"ID"信息的疑似目标的子图像，数据量很小，解决了带宽问题；将这些疑似目标输送到中心处理模块中，该模块可以采用嵌入式GPU或者性能优异的NPU，采用人工智能算法对疑似目标进行精细识别筛选。一旦目标确认，马上将带ID的原图输出给决策端。

▲ 数据分布式处理

为了预览效果更佳，我们还做了一个与"大眼睛"视场相同的小相机，安装在"大眼睛"上。

在这里，电子学的架构设计非常重要。很显然，高效的FPGA数据处理功能理所当然应该用起来，可是在这个追求效率的时代，培养学习FPGA的学生付出的代价太高，而且很多人也不愿意学习。高效、高性能的图像处理算法也非常有必要，但更多的学生喜欢写论文而不愿意去解决问题，因为写论文收益颇丰；可是解决实际问题的难度绝不亚于写论文，因为写论文很少人去复现你的算法（这也说明算法价值不高），而且经常采用的是效果最好的那些图片。这些问题客观上都导致了广域高分辨率相机推广很慢。

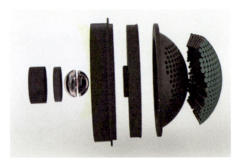

▲ 广域高分辨率相机设计图

这也说明了在广域高分辨率相机的设计上，电子学的难度其实超过了光学。

此外，"大眼睛"还有一个难言之隐，那就是相机间的非均匀性问题，导致的结果就是整幅图像跟买了一批次品瓷片贴在墙上一样，色块很明显，视觉效果很差。这就像一个小伙脸上长了几块癣，虽然不好看，但干活还挺有劲儿。相机是用来干活的，不是花瓶。把"癣"治好了，又帅又能干，当然谁都喜欢。

▲ 相机拍摄的西安大雁塔

当然，电子学中还有很多问题需要解决，比如相机的同步问题、海量数据的管理问题，等等。

6. 广域高分辨率成像的未来

兼顾计算光学成像中五个"更"中的"更广"和"更高"，广域高分辨率相机自然拥有它该有的地位，只是我们现在还有很多问题没有解决好，也没有得到广泛应用。这也恰恰说明了它将拥有一个美好的未来，当然前提是"长得又帅又能干"。

▲ 广域高分辨率相机拍摄的西安城墙

那么，什么才是真正的"能干"呢？我理解的"能干"是除了解决"更广"和"更高"的问题之外，还能实现"更远""更小"和"更强"。

我们现在做的广域高分辨率相机多集中于可见光波段，夜间工作几乎不可能。具备全天候工作能力，拥有偏振和多光谱探测特征，拥有更智能高效的算法，无疑是广域相机要走的一条路。我们也要看到，现在的广域高分辨率相机还存在着体积大、功耗高、重量重的问题，在光学和电子学上还有很多潜力可挖。当然，我们还应该看到，随着计算光学系统设计方法的发展，更小更轻的光学系统必然会出现；随着计算探测器的发展，原先难以解决的问题将不复存在。我们期盼一个小巧、低成本的广域高分辨率相机的出现！

浅谈逆光成像：「逆光」还是「逆天」

场景一　航天办公室的故事

"你连规避角都不知道，还设计什么卫星系统？"一阵怒吼伴随着玻璃水杯砸到地上的脆响远远地从贾总师的办公室传出来，刚博士毕业的小马不禁停住脚步，一愣之下转身回到办公室，小心翼翼地问同校毕业的孙师姐发生了什么事情。孙师姐看四下无人，小声说："你不知道，我们的光学载荷在工作时需要规避太阳直射，有个太阳规避角，进入到太阳规避角后，载荷就无法工作了。贾总骂李副就是因为这个问题！"

▲ 卫星系统

"那为啥不用'逆光成像'技术呢？"小马问。

孙师姐瞪了瞪小马，似看外星人一般："小马，你没发烧吧？下午开会时，你可别胡说什么'逆光成像'，之前，贾总读博士时，为感恩母校和他导师，给了一个'逆光成像'的项目，现在还烂尾着呢！"

小马"哦"了一声，欲言又止。

场景二　城市夜路"杀手"

月朔夜，长安鱼化路。

"啊……"伴随着一声惨叫，"咣"的一声巨响，一辆黑色的小轿车狠狠地撞上了对面打着远光灯的坦克越野车上，小轿车变形严重，气囊弹出，司机浑身是血，不省人事。

经过几天抢救，司机终于醒了过来，但他一看见灯光，就面露恐惧。经事后调查，当夜，越野车司机在城市道路上一路开着刚改造完酷毙了的

250W远光灯炫耀，没承想，小轿车司机那么不经照，直接撞上了他心爱的坦克越野车。

场景三 抗"眩"的导弹

2030年某抢滩行动。游击队盘踞小岛日久，仰仗从A国进口了一大批激光对抗武器而自得。进口这些装备时，队长范日文亲眼见证了这批货瞬间能让导弹放飞自我，一阵目眩头昏后，迷失方向，指哪落哪。

抵抗住抢滩前的密集导弹攻击，就意味着政府军根本没能力打进来。今天是政府军抢滩的日子，范日文按照A国军事顾问的要求科学部署好激光对抗装备，提前摆好了庆功酒宴。

▲ 激光干扰

9:15，政府军的导弹如蝗虫一般飞向游击队方向时，A国的激光对抗武器开启了绚丽无比的对抗模式，一束束激光脉冲"稳准狠"地"击中"导弹，座海蟹"哈哈哈"一声长啸，等着"蝗虫"被诱落……

可是，灾难像节气一样如期而至，政府军的导弹竟然没有受到干扰一般，直捣范日文的老巢，范日文也身负重伤，倒地后直呼政府军的导弹"逆天"了！原来，政府军早就把"逆光"成像技术应用到制导武器中了。

1. 什么是逆光

"逆光"，这个在维基百科里都很难查到的词大多活跃在摄影界里，尤其是各种手机拍照测试中，各种逆光拍人像、拍风景的摄影技巧令人目不暇接，却极少出现在其他光电成像领域中，尽管它很重要。可能正因为重要，解决手段很少，大家有意无意地回避了，比如"规避角"这样的词就很能说明问题。"规避"一词其实就是告诉你"我惹不起还躲不起吗？"，是一种典型的被动妥协。

那么，什么是逆光？逆光到底带来了哪些挑战呢？

所谓逆光，就是观测时朝着光源（如太阳等）的方向正面迎对。

▲ 逆光

我们都有抬头看太阳这样的经历，强烈的光直入眼睛时的那种酸楚，让人难以忍受。就连在大太阳底下拍合影时，睁大眼睛坚持几秒钟就会让你有跟摄影师"拼命"的冲动。于是，我们会学着孙悟空的样子手搭凉棚（减少光的射入），眯着眼睛（缩小光圈），小心翼翼地看上一眼天上的太阳，赶紧躲避（切断光路），这个时候你甚至会感慨，就连孙悟空的火眼金睛也难以对抗太阳的光芒。

总结一下，对待强光的途径无非两个：衰减光通量和切断光路。

衰减光通量最简单的办法是缩小光圈，摄影中拍太阳就采用这样的方式，导致的结果是太阳看清楚了，其他有用的信息没了，目标还是没看到。当然，还有日冕仪观察日冕的方法，可是，日冕仪要求目标要处于相对静止状态才行，视场固定。

日冕仪

掃描鏡

sCMOS

▲ 日冕仪

▲ 日冕仪拍摄图像

　　不敢直面面对，那只能躲，切断光路；躲就意味着会丧失良机，要挨打。规避角，也许叫"龟避角"更合适，它的出现直接告诉我们在这个区域内我们束手无策，敌人来了，我们得"龟"避起来，高喊一句："君子报仇，X 年不晚！"之类，实则无招。可是，你还要想到，对你来说是逆光，对敌人来说，人家可是顺光，看你看得清清楚楚，双方处于不对等状态。

　　那么什么是规避角呢？规避角是以探测器视轴为旋转轴的某一圆锥角范围，允许强光入射的最小角度。为了更形象地解释规避角，我们以太阳规避角为例进行介绍。如下图所示，令卫星从 A_1 开始太阳规避，此时利用"视轴

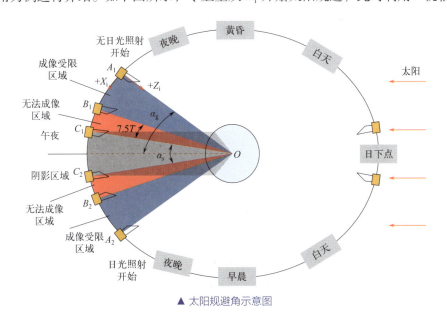

▲ 太阳规避角示意图

偏置"的方法可以使相机视轴与太阳矢量夹角保持在不小于最小太阳规避角的水平，太阳规避期间仍可以看到部分地球，可以对部分区域成像。当卫星到达 B_1 点时，太阳矢量与相机视轴夹角已临近遮光罩的最小太阳规避角，相机无法继续工作，卫星进入了非成像区。随后卫星到达 C_1 点时，进入阴影区，由于无光照，相机可以正常成像，卫星恢复以轨道坐标系为基准的对地姿态。

对于汽车而言，逆光看不清了，必然很危险；如果汽车的摄像头也考虑规避角的话，那么面对那些成天打着远光灯的坏家伙，根本躲不了。

那么，该怎么应对逆光呢？下面，我们来分析一下逆光成像的本质。

2. 逆光成像的本质

逆光成像的本质其实是极高动态范围成像。

什么是动态范围呢？在图像处理和摄影领域中，动态范围（Dynamic Range）是指图像中最亮和最暗区域之间的亮度差异的度量。更具体地说，动态范围表示在图像中可以捕捉到的亮度级别的范围。动态范围越大，图像中包含的亮度级别就越广，细节也更丰富。图像的动态范围可以用 $20\lg\left(I_{max}/I_{min}\right)$ 来表示。

▲ 动态范围

输入信号的动态范围可以是无限的，因为亮度可以从零（没有光子）变化到宇宙中最亮的物体产生的强度。也就是说，理论上，信号的最小值应该为 0，此时动态范围为无穷大。但是，输出信号的动态范围是有限的。可是，探测器有基底噪声的存在，直接宣告"无穷动态范围"失效。

▲ 人眼和数字相机动态范围对比

　　这是因为噪声的存在，零亮度不会产生零电荷；在高亮度时，因为具有完整的阱容量，亮度增加到某个点以上将不再产生相应的电荷增加。因此，CCD/CMOS 的动态范围是满阱容量与本底噪声的比值，即像素可以产生的最大输出信号电平除以即使像素没有入射光也将产生的信号电平。

　　注意，这仅仅是 CCD 器件本身的动态范围，在量化时，还会受到量化数模转换（ADC）的影响，也就是说，一只 90dB 动态范围的高性能 CCD，如果采用 8 位的 ADC，实际上只能得到 48dB 的动态范围，牺牲了 42dB。所以，大马拉大车不行，这也是我们看到的很多高性能的探测器芯片会有 12、14 甚至 16 位的信号输出，以适应高动态范围。

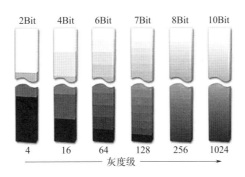

▲ 数字图像的 Bit 位深和灰度级

　　同时，动态范围也会受到 CCD 器件满阱容量的影响。满阱容量是每个像素可以容纳的最大检测信号量，是指物理上多少电子可以放入像素的存储区域，并且仍然能被准确读取，这受相机像素的物理结构限制。如果一个像素饱和了，则不再继续进行光电转换，那么图像的灰度值就不能被准确地记录。而更高的满阱容量通常意味着更高的动态范围。

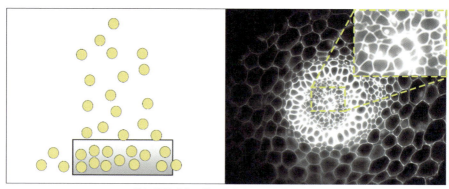

(a)较低的满阱容量使图像失去了明亮的信号信息

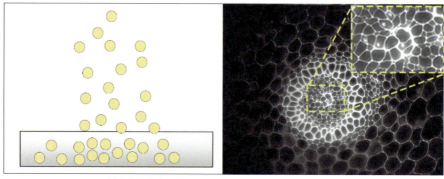

(b)较高的满阱容量使图像获得从弱信号到亮信号的全部信息

▲ 满阱容量和动态范围之间的关系

那么，逆光到底需要多高的动态范围呢？这个问题还真不太好说，我们估算过，在太阳强逆光情况下，需要的动态范围超过200dB。普通探测器一般具有60dB左右的动态范围，100dB以上已属优秀。

看来，提高动态范围的压力也不能全压给探测器，那我们该怎么办？

3. 全链路解决逆光问题的思想

随着空间光学的全面发展，逆光成像必然会成为一个研究热点。目前逆光成像的种类有：强度衰减成像技术、HDR成像技术、事件相机成像、超大动态范围探测器技术、基于全链路的逆光计算成像技术。下面对各个方法逐一进行介绍。

（1）强度衰减成像技术

"金环日食"对于许多天文爱好者来说乃是一大绝美奇观，**"环食恒久远，**

一刻永流传",面对如此罕见的天文现象,很多人都想留下一点纪念。那么,如何才能让瞬间变成永恒呢?

▲ 金环日食

我们知道,太阳的能量极强,如果将千倍万倍的太阳光汇聚到一点,是可以直接烧穿纸片的,更何况是人的视网膜,所以用探测器观测或拍摄日食本身就是一件很危险的事。那么,是否有办法衰减强烈的太阳光线,让我们能够安全地观测到这一绝美奇观呢?于是,巴德膜便应运而生。

巴德膜其实是一种镀了金属的树脂膜,手感类似于塑料膜。但这样一个"塑料膜"的作用却非同小可,它能够做到减光10万倍,也就是使得透过的光是总光量的十万分之一,能够保护眼睛和仪器不受伤害。而且,巴德膜本身是银色的,反光很厉害,可以把很多光线和红外线都反射出去,所以即便是在阳光下暴晒,温度升高也不会太多。有了这样一个好东西,我们只需要把它安装在物镜前端,就可以用肉眼或探测器观测日食了。

然而,巴德膜在消减光线和有害辐射的同时,可能降低被摄物的反差,导致其无法观测到暗目标的细节信息。因此,巴德膜也不是完美的,它的问题在于只能观察到亮目标而不能看到暗目标。

▲ 巴德膜

▲ 利用巴德膜的拍摄效果

当然，现在的数码相机也敢直面太阳，可以拍出太阳黑子清晰可辨的太阳照片，拍摄时刻最好是黄昏。在新冠疫情期间，我几乎每日黄昏盯着太阳拍照。你看，太阳黑子都能看到。

▲ 太阳照片

色彩空间：RGB
颜色描述文件：Adobe RGB (1998)
焦距：250毫米
Alpha通道：否
红眼：否
测光模式：矩阵测光
光圈数：f/4
曝光程序：手动
曝光时间：1/1,000
纬度：34°13'45.42"北
经度：108°54'26.754"东

▲ 数码相机参数设置

（2）HDR（High Dynamic Range Imaging）技术成像

喜欢摄影的朋友对于 HDR 功能可能会比较熟悉。拍照时，如果正好面对着亮光，曝光时间短的情况下，周围景物不清晰，曝光时间长一点，亮光又会太突出，这时只需要打开相机的 HDR 功能，就可以拍一张清晰的相片。那么，HDR 到底是怎样做到这一点的呢？

传感器单次曝光捕获的动态范围有限，不同的曝光量捕获的亮度范围不同，通过对同一场景以不同的曝光量多次曝光（即包围曝光），实现覆盖整个场景的亮度范围，最终将这组覆盖场景亮度范围的图像合成为一张 HDR 图像。

▲ HDR 图像

那是不是只要有足够多的不同曝光条件下的图像，就可以获得超高动态范围的图像？其实并不是这样。从下图可以很明显地发现，在强光照射的情况下，我们无法获得弱目标的信息。毕竟 HDR 只是对现有信息进行更好的整合，无法展现出用于合成的图像中没有的信息，因此它的动态范围是存在极限的。

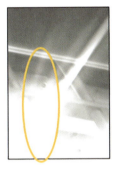

▲ 强光条件下弱目标获取困难

同时，由于这种方法在使用时需要拍摄一系列照片，如果在这一过程中相机发生了抖动或者目标发生了运动，那么照片就会产生运动模糊或者"鬼影"（同一目标出现在不同位置），"鬼影"是阻碍 HDR 成像发展的一大难点。

▲ 拍摄时抖动的 HDR 图像

（3）事件相机成像

▲ 常见的事件相机

对于逆光成像中的一些场景，如高速运动、迅速的亮度变化、高动态范围等，基于帧的普通相机是无法完成的，因此需要一种具有低延迟、高动态范围、低功耗、高时间分辨率等优势的事件相机来完成。

事件相机，简单来说就是只有当镜头中像素亮度变化才会触发信号的相机，而传统相机是固定帧率采集图像。说得大白话一点就是："只有运动才看得见，不动就是一片黑色"。这样的好处其实也很明显，就是响应快、低功耗，特别是在做动态物体捕捉的时候，有着先天的优势。

它之所以能做到"仅感知运动物体"，是因为当某一像素在一瞬间光照强度发生了微弱的改变，事件相机将会记录下这一像素所在的位置、发生时刻和极性（增大或减小），并记为一个"事件"。另外，由于所有的像素都是独立工作的，所以事件相机的数据输出是异步的，在空间上呈现稀疏的特点，这也正是事件相机优于传统相机之处。这种成像范式的好处是可以大大减少冗余数据，从而提高后处理算法的计算效率。

普通相机在高速运动状态下会出现运动模糊，而事件相机则很好地解决了这个问题。如下图所示，分别是普通相机和事件相机拍摄的晚上有行人在汽车前奔跑的画面，可以看到，普通相机出现了明显的曝光不足和运动模糊，而事件相机则很清晰。图中即为利用事件相机记录大动态范围成像的成像结果。

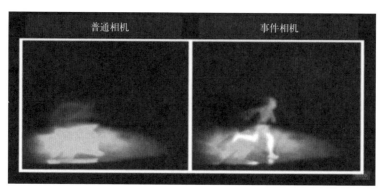

▲ 普通相机和事件相机成像效果对比

然而，事件相机也存在许多问题。当它记录事件时，在亮度过低的情况下，曝光时间过长可能会导致内部相机电容强行重置，导致信息丢失，而且无法满足实时拍摄的要求。而且，事件相机在逆光条件下拍摄目标时，尽管保留了目标的轮廓信息，但目标大部分有效的细节信息已经丢失，这给后续目标关键部位的识别和确认带来很大困难。

（4）超大动态范围探测器技术

对于我们而言，日常生活中可以接触到的最强的光源就是太阳，那现有的技术可以实现对着太阳进行逆光成像吗？要知道，自然光的跨度约超过200dB，现有的技术远远达不到要求。既然HDR技术的算法有极限，那我们还得从探测器入手，但是现有的探测器的光敏性是固定的，对于过强的光会出现饱和像素，那我们能否设计一个对不同光强会有不同光敏性（如同人眼一样）的探测器呢？

人眼的光感受器包括视杆细胞和视锥细胞两种，前者光灵敏度高、用于探测弱光，后者则用于捕获强光，尽管两者均只有40dB的探测范围，但通过负反馈调节不停地更新成像范围可以实现超过160dB的探测范围。其原理主要是依靠水平细胞的负反馈来实现两种细胞工作状态的切换，当人眼处于暗场时，视杆细胞占据主导，随着时间推移，光感色素不断再生，将视觉灵敏度慢慢提高；人眼处于明场时，视锥细胞占据主导，光感色素不断漂白，使光灵敏度降低到人眼可接受的程度，降低强光的损伤。

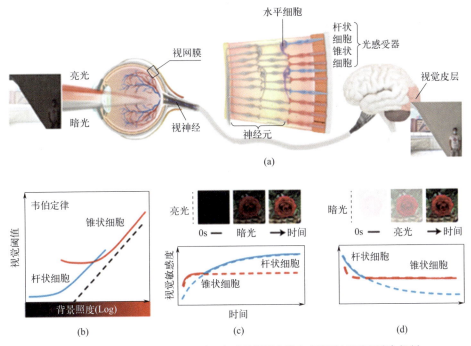

▲ 人工模拟视网膜中光感受器和水平细胞的视觉自适应（暗适应和光适应）机制

科研人员受此启发，设计了一种新型超大动态范围仿生探测器，从而人工模拟视觉适应机制。这种新型超大动态范围仿生探测器基于MoS_2光电晶体管阵列，通过主动引进电荷陷阱捕获成像光所转化的电子，并由电压控制调控释放量以实现探测器光敏性的改变，通过施加不同的栅极电压来控制同一器件中的暗适应和光适应程度。通过这种方式，探测器模拟了视网膜中的光感受器和水平细胞，成功实现了具有 199dB 感知范围的仿生传感器内视觉自适应器件。

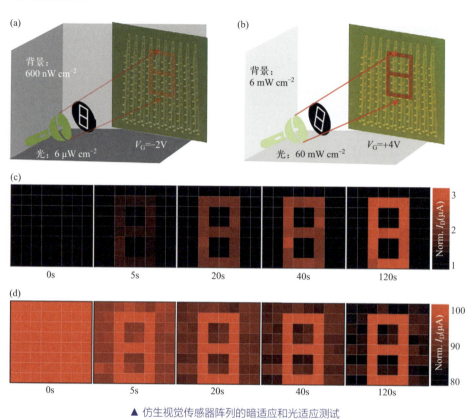

▲ 仿生视觉传感器阵列的暗适应和光适应测试

然而，这种模拟人眼视网膜的暗适应和光适应机制虽然扩展了探测器对于不同光照条件的感知范围，但其探测器规模极小，只能覆盖几十个像元，器件随时间的灵敏度变化不明显，这导致了它的成像时间长达 120 秒，以及弱光和强光下灵敏度差距大。

（5）基于全链路的逆光计算成像技术

那么计算成像对逆光问题有更好的办法吗？

之前我们反复强调计算光学成像应注重全链路一体化设计，现在就是发挥"团队"力量的时候了：后端探测器承受不了的压力可以分担给前端光学系统，得到一种基于全链路的逆光计算成像技术。

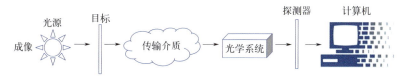

▲ 计算成像链路示意图

在光学成像中，探测器在成像链路中发挥着采集信息的关键作用，将光信号转化为电信号。在强逆光等极限条件下对目标信息进行获取，其光子能量过强足以打破或改变探测器的原子结构，破坏感光元件，改变感光元件特性，使其无法正常地工作使用。

为了避免光线能量太强对探测器产生不可逆损坏的情况，可利用计算光学成像技术对全链路进行一体化设计。在成像链路中添加了可编程空间光调制器，通过空间光调制器对入射光信号进行编码与调制，改变原始光场的能量分布形式，使得强逆光区域衰减、目标区域增强，两者间高维度信息比得到增强，从而将探测器的压力分担给整个光学系统。之后使用光场恢复的自适应算法，进一步对目标进行显著性增强，从干扰背景中凸显目标特性，实现目标从干扰背景中的分离和探测，完成大动态范围成像。

▲ 大动态范围成像效果

在传统的探测方式下，大动态范围成像条件下的暗弱目标完全看不到相应的信息。我们利用光场调制投影技术，构建大动态条件下目标信息非线性变换模型，打破传统"点"到"点"的传统线性成像机理，实现从"点"到"面"的非线性变换机理研究，在仅使用普通工业相机的前提下扩展动态范围，实现对 120dB 以上场景成像！

▲ 传统探测结果

▲ 调制后探测图

▲ 复杂目标

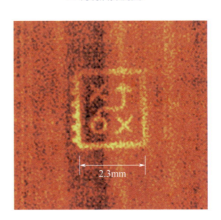

2.3mm

▲ 解译结果

4. 逆光成像面临的挑战

我们讨论了许多种逆光成像的方法，从传统的衰减式到大动态范围探测器再到基于全链路的逆光计算成像技术，它们以不同的视角一定程度上解决了逆光问题，但离真正好用、一法应万变的逆光成像还有不小的差距。下一阶段的逆光成像技术一定要保证兼容普通场景，既能应对逆光场景，又能对普通场景进行高质量的、高分辨的成像。这就牵扯到何时采用逆光成像模式、何时又切换到一般成像模式的问题。"精识时机，达幽究微"，若不能把握恰当的时机，迟来的逆光成像反而会成为一种干扰，毕竟它本该应对的"强敌"转瞬即逝，一拳打在空处可不好受。

传统光学系统设计方法已经历经了几百年的打磨完善，"上可九天揽月，下可五洋捉鳖"，却唯独拿逆光没办法，因为镜头只扮演着汇聚能量、决定视场的角色，至于能看多强/弱全凭探测器能力。在第1季《光学系统设计，何去何从》一文中我们已经认识到，未来的光学一定要敢于越界、善于越界：光学系统要抢探测器的活，探测器也要做原来系统才能做的事（就像曲面探测器），这也是我一直在大力推广和践行的。与常规成像相比，逆光成像还处于初期阶段，缺乏智能性，下一步如何使逆光成像系统具备智能处理能力，自适应地选择是否进行特定目标的补光、增强目标信息占比，对无论是超强还是极弱亮度目标内部的细节清晰成像是极为重要的发展方向之一，也是我们现在努力的方向。

总结起来无非三点：在光路和探测器上的高动态调制、自适应环境的成像模式切换和高分辨率逆光成像。

5. "逆来顺受"的好相机

"逆来顺受"不是个好词，尤其会涉及道德和苦难等事宜。但是，对于一个好的相机来说，"逆来顺受"却达到了很高的境界，它的涵义是既能顺光成像，也能抵御逆光这类的强光干扰。那么，很显然，这个相机必须要有

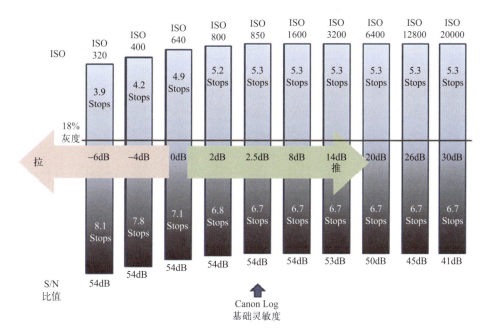

"好脾气"去适应这样的环境，于是，我们就需要相机"动脑子"。在摄影相机中，动态范围往往与感光度 ISO 对应，它实际上是一个分段函数，根据光强不同可以自动切换不同的 ISO 进行拍摄，其依据就是感光度的测量。对于"逆来顺受"的好相机而言，实时测出动态范围，适时切换"顺光"还是"逆光"的工作模式，无比重要。在这里，我们更呼唤新型探测器，从机制上能够保证环境的适应性，能够做到 120dB 以上甚至 200dB 的动态范围。

最后，以李白的《侠客行》作为结尾，希望我们能够像武侠小说《侠客行》中的石破天那样，另辟蹊径解读侠客岛上的《侠客行》古诗和《太玄经》中的蝌蚪文，摆脱思想的约束，尤其是专业的约束，多想一想"从来如此，那便对吗？"求大道至简，敢于创新，做到"深藏身与名"，而不是去炫耀"十步杀一人"的名号。

侠 客 行

[唐]李白

赵客缦胡缨，吴钩霜雪明。

银鞍照白马，飒沓如流星。

十步杀一人，千里不留行。

事了拂衣去，深藏身与名。

闲过信陵饮，脱剑膝前横。

将炙啖朱亥，持觞劝侯嬴。

三杯吐然诺，五岳倒为轻。

眼花耳热后，意气素霓生。

救赵挥金槌，邯郸先震惊。

千秋二壮士，烜赫大梁城。

纵死侠骨香，不惭世上英。

谁能书阁下，白首太玄经。

「破镜重圆」

——光学合成孔径

破镜能否重圆？镜头碎了一地，拼起来还能不能用？不是说人多力量大吗？一堆小镜头联合起来，能不能拼过大镜子？

如果说破镜能重圆，你得讲出道理。众所周知，破镜不能重圆，是因为有了"隔阂"。对于镜头来说，破了的镜子粘得再好，不还是有了缝吗？那缝不就是"隔阂"吗？再说，也不是谁都能把镜子粘好啊！镜子破碎了，扔掉换新不就完了，为啥费那劲还要去粘？

▲ 破镜重圆

人多力量就一定大吗？你没见过一两只牧羊犬就把上百只羊收拾得服服帖帖吗？对，需要团结。那么，这些小镜子怎么才能"团结"起来呢？其物理机制是什么？

这些说的其实都是关于光学合成孔径的事儿。我们随便在搜索引擎中搜一下"光学合成孔径"这个词，铺天盖地的信息迎面而来，不是美国就是欧洲的大型天文望远镜，还有各种综述和技术论文，这个从 20 世纪 70 年代就开始研究的问题，今天似乎到了突飞猛进甚至大规模应用的阶段。但是，细究起来，却发现真正能用的还真少见。光学合成孔径很难吗？君不见雷达合成孔径天上来，以地球两极为基线的雷达合成孔径连黑洞都能拍得清清楚楚，光学呢？不都是电磁波吗？雷达行，光学为啥就不行？

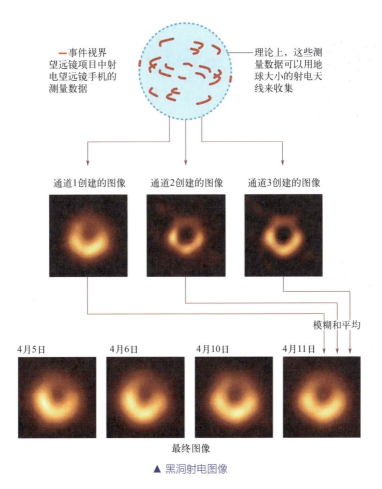

事件视界望远镜项目中射电望远镜手机的测量数据

理论上，这些测量数据可以用地球大小的射电天线来收集

通道1创建的图像　　通道2创建的图像　　通道3创建的图像

模糊和平均

4月5日　　4月6日　　4月10日　　4月11日

最终图像

▲ 黑洞射电图像

　　雷达看着光学，问道："你不是说你的波长短、分辨率高吗？怎么现在就不行了呢？"

　　光学瞪了瞪雷达，说："谁说我不行，是因为你的波长长，而且是窄带的。"

　　雷达说："然后呢？"

　　光学白了一眼："所以就很难……"

　　到底怎么难？难在何处？

1. 从频谱延拓开始说起

　　先看一个例子：一个圆和它的傅里叶频谱图。

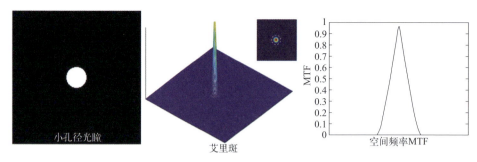

▲ 单孔径系统的艾里斑及调制传递函数 MTF

然后，再增加一个圆，看它的傅里叶频谱图。

▲ 双孔径系统的艾里斑及调制传递函数 MTF

接着，再增加几个圆，来看它的傅里叶频谱图。

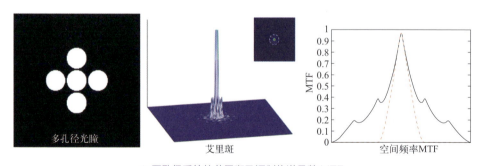

▲ 五孔径系统的艾里斑及调制传递函数 MTF

现在把最后的这几个小圆用一个更大的圆包络起来，看一看这个大圆的傅里叶频谱图，对比一下，是不是发现了很好玩的事情？这其实就是合成孔径的基本原理：频谱延拓。

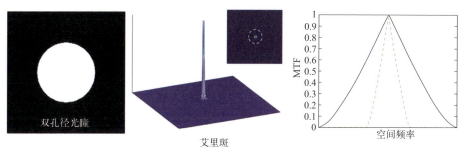

▲ 大孔径系统的艾里斑及调制传递函数 MTF

所谓频谱延拓，就是将图像的傅里叶频谱范围向外延拓，使更高频信息进入成像系统，于是就能获得高分辨率的图像。

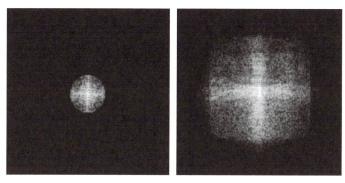

▲ 频谱拓展

这也是高分辨率为啥需要大口径光学系统的原因了。可是，光学做大口径的难度非同一般，单体 4m 口径已属不易，口径大小与加工周期和成本成指数增长，加之航天中有相机重量与光学口径三次方成正比的说法，所谓的"做大做强"常沦为口号，细算起来，原因就是代价太高。

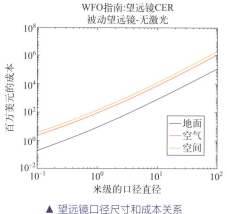

▲ 望远镜口径尺寸和成本关系

恰好，这个频谱延拓的小实验就给我们一个思路：拼！对，就是用小一点口径的镜子拼成大镜子，于是就有了光学合成孔径的说法。

那么，该怎么去频谱延拓呢？答案是干涉。

2. 为什么是干涉

为什么是干涉？我们来看一下干涉的实验结果，将大口径光学系统替换为两个小口径光学系统。由于受衍射极限的影响，单一小孔径聚焦形成的艾里斑会比大口径系统大很多，导致分辨率下降。然而，当两个光学系统光束满足干涉条件时，双孔径系统的 PSF 就可以表示为子孔径 PSF 与干涉调制因子的乘积。此时，艾里斑中心会得到增强，中心宽度变窄。艾里斑宽度变窄意味着光学系统等效频谱得到了展宽，图像分辨率得到提升。此时，在像面上会产生相干叠加的干涉条纹。

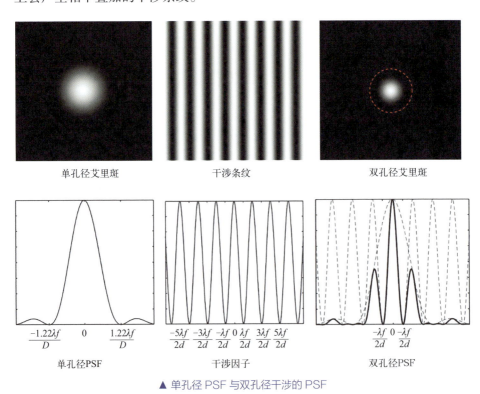

单孔径艾里斑　　　　　干涉条纹　　　　　双孔径艾里斑

单孔径PSF　　　　　干涉因子　　　　　双孔径PSF

▲ 单孔径 PSF 与双孔径干涉的 PSF

如果两个子孔径系统的光束没有发生干涉，在焦平面仅能观察到两个艾里斑强度的叠加，艾里斑中心宽度不会发生变化，仅能提升光能利用率，并不能对分辨率提升产生效果。由此可见，干涉是将子孔径光束信息联系起来的关键和桥梁，是实现子孔径频谱延拓的关键。否则，子孔径间频谱信息无法实现有效叠加，无法对不同区域子孔径频谱信息进行耦合，也就不能实现成像分辨率的提升。

于是，我们自然就想到了各种干涉仪：迈克尔逊干涉仪、Fabry-Pérot 干涉仪、Sagnac 干涉仪、斐索（Fizeau）干涉仪、马赫曾德干涉仪，等等。看起来复杂得不得了的这些干涉仪，其实无非就是等厚干涉和等倾干涉两种而已，再说到底，就是要保证光程差（相位）恒定。当然，还要满足干涉的其他两个条件：频率相同（同一光源）和振动方向平行。

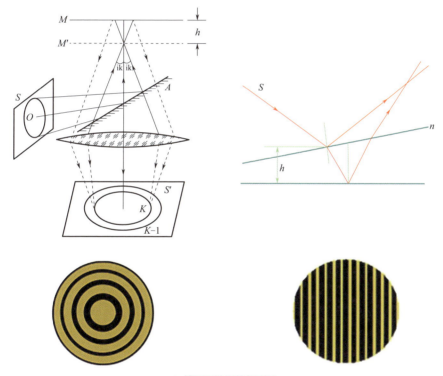

▲ 等厚干涉和等倾干涉

在传统的合成孔径领域中，干涉方法只有斐索和迈克尔逊两种，分别代表两条不同的路线：像面干涉和瞳面干涉，当然结果也不同。像面干涉是直接成像方式，所见即所得，而瞳面干涉出来的是干涉条纹，需要光场传输理论解译出图像。

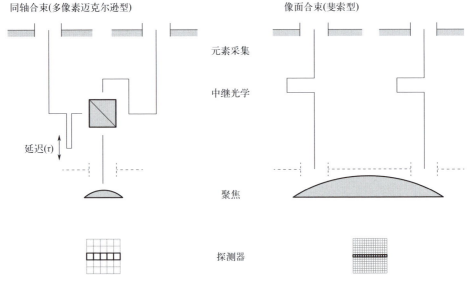

同轴合束(多像素迈克尔逊型)   像面合束(斐索型)

元素采集

中继光学

延迟(τ)

聚焦

探测器

▲ 共轴合束的"迈克尔逊型"和像面合束的"斐索型"

这里需要解释一下基线这个概念。所谓基线，就是两个镜子之间的距离。理论上，基线越长，干涉越明显，频率延拓越高，成像分辨率就越高；反之亦然。

3. "双胞胎"：斐索（Fizeau）干涉和迈克尔逊（Michelson）干涉

在铺天盖地的合成孔径资料中，斐索和迈克尔逊两种干涉方式往往被张冠李戴，竟然形成了叫法完全相反的两派，读文献时，常时不时地质疑到底谁的叫法准确。于是，我们刨了刨合成孔径的"祖坟"，从最早的参考文献中挖出"骨头"，以正视听。

先来看一下斐索干涉类型，其实就是"破镜重圆"型，即面型拼接型。换句话来说，就像拼七巧板一样，把若干小块镜子拼接成一个大面型的镜子，其原理是像面干涉。或者，我们理解成把一个大镜子切割成若干块，再把它们拼凑起来，构成一个完整的镜子，典型案例就是詹姆斯·韦伯（Jams Webb）望远镜。此时，其"拼凑"的条件就是能形成斐索干涉（等厚干涉的一种）。当然，一个大镜子不完全拼完，也是可以成像的，只要满足干涉条件，只是能量会减弱，也可能会丢失一部分频率信息。

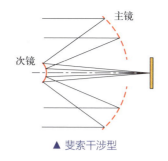

▲ 斐索干涉型

斐索类型的合成孔径很容易理解，因为是像面干涉类型，可以直接成像出图，做起来也相对容易一些。但是，它的缺点是基线太短，做几十米甚至上百米就很难了。这一点，从 James Webb "超级鸽王"就能看得出来，1996年提出，计划 2007 年发射，直到 2021 年 12 月 25 日才发射成功，耗资 97 亿美元，其主镜也仅仅 6.5m 口径而已，被分割成 18 块六角形的镀金铍镜镜片拼接而成，整个相机重量 6.5t。

进一步提高空间分辨率，怎么办？增长基线啊！于是，就有了迈克尔逊干涉型合成孔径粉墨登场，它的典型特点就是基线长，几十米、上百米实属小意思，理论上，上千公里都可以。

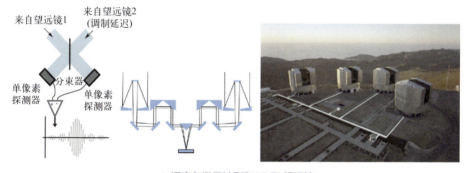

▲ 迈克尔逊干涉型和 VLTI 望远镜

因为它是瞳面干涉的，因为只能观测到条纹，所以必须通过光场传输理论解译，才能间接获得图像。在这里需要注意，图像的频谱由高、中、低不同频率组成，最长基线对应的是最高频，我们还需要其他频率，于是就必须得有不同频率的覆盖，才能获得一幅完整图像，因此，迈克尔逊干涉型的合成孔径必须调整不同基线，获取不同频率，最后才能获得完整的频谱图。

我们可以设想：间隔一定距离的两个镜子形成干涉，其高频信息受基线影响。基线越长，频率越高，分辨率就越高。迈克尔逊干涉仪最大的特点就是可以长距离干涉，测引力波的装置 LIGO（Laser Interferometry

Gravitational-wave Observatory）就是典型案例，缺点是干涉的条件很高，对控制精度有极高要求，比斐索干涉型难太多了。

▲ 引力波测量原理及 LIGO 干涉仪

首先是频谱延拓的问题。迈克尔逊干涉型往往只采用几个有限的镜子，做傅里叶变换就知道，它缺少了很多频率，尤其是中频，怎么办？只能通过运动的方式来填充这些频率，于是就有了填充因子一说。填充因子计算公式为：

$$F = \frac{Nd^2}{D^2}$$

式中，N 为系统子孔径数量；d 为子孔径直径；D 为包围圆直径。F 越小，系统的稀疏程度越高。迈克尔逊干涉空间频率信息的获取是通过望远镜阵的子孔径排布和结构参数来满足的，一般用系统的 U-V 覆盖来表述。以典型 Y 型排布迈克尔逊型合成孔径成像系统为例，下图为在孔径间距 L = 500mm 和 650mm 时，3 种不同尺寸孔径的 U-V 覆盖情况。显而易见的是，650mm 口径比第一种拥有更大合成孔径，但是信息冗余量较差。而对于 1000mm 口径系统，虽然获得了更大的光学口径，但在中频区域出现了较多的中频信息缺失；用该系统对目标成像时，像质会严重下降。

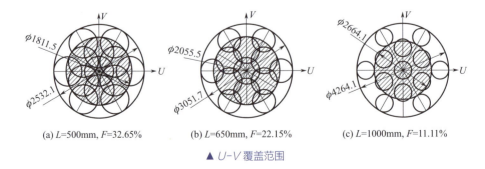

(a) L=500mm, F=32.65%　　　(b) L=650mm, F=22.15%　　　(c) L=1000mm, F=11.11%

▲ U-V 覆盖范围

很显然，成一幅"像"（干涉条纹）需要很长很长时间的累积，花费十几到几十小时根本不在话下，自然对存储的要求和处理的要求都很高，对探测器的灵敏度要求则更高，这是因为越高频的信号越弱。合成孔径后形成的图叫"脏图"，需要非常复杂的信号处理才能获得信噪比好一点的图。这其实还告诉我们，这种合成孔径的方式只适合拍摄**静态**图像，所以，也就受限于天文领域使用。

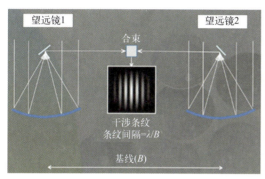

▲ 光学干涉仪的成像结果

其实这个问题在拍摄黑洞的雷达合成孔径案例中体现得淋漓尽致，上吨的硬盘用于数据存储，动用 8 个大口径射电望远镜，采集了高达 5PB 的数据，经过七百多个日日夜夜的分析和"冲洗"后得到了一幅"甜甜圈"的图像。5PB 相当于时长 5000 年的 MP3 音频，根本没有办法在互联网上有效地发送那么多数据，通过飞机把硬盘送到世界各地的合作者那里要快得多，这就是为什么麻省理工学院的草垛天文台 Haystack Observatory labs 里有 1000 磅重的硬盘。

其次是子镜面型设计的一致性问题。因为要满足干涉的要求，每个子镜的加工公差要保证非常高的精度，差之"微纳"（毫厘），谬以千里。不仅对材料有很高要求，加工、镀膜的要求都很高，要保证一致性问题。

然后是控制的问题。因为光波波长太短，对两个镜子形成干涉的光程补偿的精度要求甚至是纳米，当然这与基线长度有关，而且活塞误差和倾斜误差的控制还不一样。那么对于多个镜子而言，难度自然呈指数增长。这其实也是很多迈克尔逊型只采用两个镜子的原因，降低控制难度，只能靠牺牲时间换取空间了，代价就是镜子不停地运动，边运动，边控制调整，边拍摄，至少要保证填充频谱满足图像解译的基本要求才行。

最后是光谱的问题。迈克尔逊型不同于斐索型的宽光谱成像，只适用于窄光谱成像，因此其能量利用率很低，信噪比自然就差了很多。

斐索型可以适用于宽光谱（可见光、红外皆可）的根本原因就是像面干涉，适用于白光（宽光谱）干涉模式。这是因为在斐索型采用的等厚干涉方式，可以通过镜面消色差镀膜处理，不同频率的光经过消色差后能够同时到达像面的干涉点，直接形成图像。当然，最直观的理解是打破的镜子"完美"粘贴后依然成像如故，宽光谱自然不成问题。

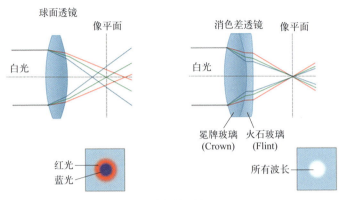

▲ 消色差设计

迈克尔逊型虽然也可以白光干涉，但是即使镜面做了消色差处理，宽谱光经过干涉后，不同频率的光的干涉条纹宽度不同，展开后比单色光要宽出不少；更要命的是，它们会混叠到一起，对相位的解译造成了很大困难。于是只好妥协，采用窄谱方式，牺牲能量换空间吧。这就是我们在很多迈克尔逊干涉型合成孔径实验中，看到可见光波段的谱宽往往只有 20nm 左右的原因了，其能量利用率可想而知。这都是"病"啊！

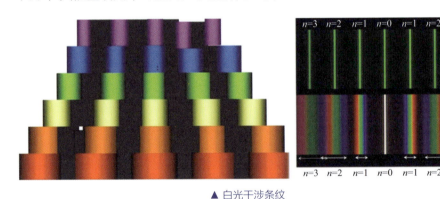

▲ 白光干涉条纹

既然有"病"，有"药"没？有，但"药"价很高。解决的方案就是将宽谱光用分光元件按频率分成不同的窄波段，每个波段各自形成干涉后，再经合束叠加到一起，将宽谱展宽的条纹重新变窄。于是，很多研究合成孔径的研究者就采用了光通信器件做了分光和合束的处理，并把这种方法推广到了 SPIDER（Segmented Planar Imaging Detector for EO Reconnaissance）中。

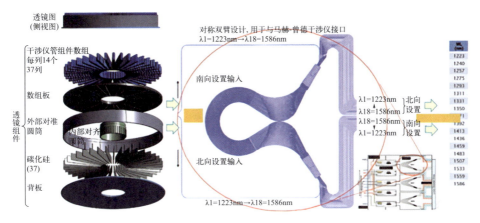

▲ SPIDER 望远镜及其集成器件

4. 怎么解决光学合成孔径的"拼多多"问题

斐索型和迈克尔逊型合成孔径其实是在**空间域**中做的频谱延拓，那么，能不能在其他域中实现频谱延拓呢？

当然可以，号称"频谱搬运工"的傅里叶叠层成像就是一种新的频域延拓方法。与其外号相对应，它实际上就是做了一种"频谱搬运"工作。

傅里叶叠层成像通过 LED 阵列等光源进行多角度相干光照明，实现样品频谱在频域的搬移，从而将系统的数值孔径从物镜 NA 拓展至合成孔径 NA

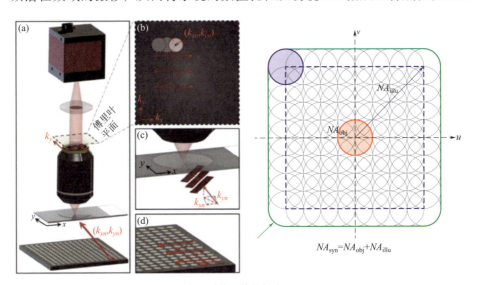

▲ 相干成像系统的频移原理

（照明 NA+ 物镜 NA）。将样本高频信息编码至低频的图像中通过光学系统，然后进行孔径合成实现频谱扩展。

傅里叶叠层成像实际上是靠着两幅子图的交叠搭桥，两两合作实现了频率的搬移，进而延拓傅里叶频谱。它的好处是一个相机就能干活，缺点是必须是主动照明，而且只适用于窄光谱，远距离也很难。远距离难的原因其实是因为相位恢复需要较高的探测信噪比，一旦有一点大气风吹草动的干扰，既影响照明，又影响探测，信噪比下降，相位恢复不出来，自然就无法频率延拓。目前，傅里叶叠层成像能做到的最远成像距离好像只有 10m 左右。

在这里，你发现没有，我们实际上在说相位恢复制约频率解译的问题，这自然牵扯到了信噪比。干涉的好处是不同频率在空间中规律分布，可以很容易地分离出来，这实际上是在说干涉形成的频率探测信噪比自然就会很高；而傅里叶叠层成像类合成孔径方法，其频率延拓是借助于光电信号的信息处理而完成的，没有物理上的信号叠加，频率信噪比自然就低，而且还可能产生混叠，需要特定的信号处理方式才能解译出这些频率信息。

总结一下，干涉型会因为物理上的信号叠加，信噪比强，但实现方法困难；非干涉型无物理上的信号叠加，信噪比差，但容易实现，依靠的是强大的算法。

理论上讲，迈克尔逊型合成孔径方法和傅里叶叠层成像的分辨率可以无限提升，只要基线足够长。可是，实际情况却是随着频谱的拓展，高频信号越来越弱，信噪比随之降低，以至于频谱延拓趋缓，"拼多多"需要解决低信噪比探测和解译问题。

5. 再谈频谱拓展

那么，频谱拓展是否还有其他的方法？如有，那必然会有新的合成孔径方法出现。答案是当然有，而最有潜力的"域"就是信息域。在空间域中采用干涉方法，在频谱域中采用傅里叶叠层这样的方法，而在信息域中，我们似乎还没有开始发力，因为传统上，一直认为光学合成孔径应该是光学的事儿，与信息关系不大。

我们再回顾一下人眼视觉。人的两只眼睛长在前方，两眼间距可以认为是基线，双目影像透过视差信息，不仅可以形成立体视觉，准确判断三维空间位置，而且双目合成视力与单目视力有显著提升，那就意味着有超分辨率事件发生。这个超分辨率是怎么实现的呢？

▲ 2 眼同时细看远处

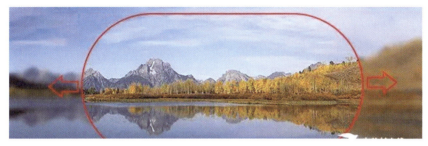

▲ 2 眼同时扫视风景

很显然，它既不是斐索和迈克尔逊干涉型的合成孔径成像，也不是傅里叶叠层式的合成，它的形成与视神经信号在大脑中的合成有关，那就意味着人的大脑做信号处理时自动做了超分辨率处理。我们是否可以理解为因为视差的存在，有多角度引入的高频信息出现，经过大脑合成后形成了高分辨率图？如果果真如此，那就非常值得去研究了。

回过头来看，相机重量与口径大小成三次方关系，换成合成孔径方式，可以把三次方变成平方关系，重量体积的变化非常显著，成本也大幅降低，这当然就太有利了。

在这里，我又想起了熵的问题，我们做合成孔径、做超分辨率，信息熵在减少，这些熵是不是换成了分辨率呢？多少熵等价换成多少分辨率呢？我会在以后的专题里讨论这些问题。

6. 尾声

（1）"不要回答，不要回答……"

"请星舰编队按指令到位！按椭圆形编队模式，星舰间保持 10000km 的距离……"三体星际舰队指挥官下达了探索宇宙文明的新指令。星舰编队三体人摧毁了地球文明之后，用他们最新的光学合成孔径成像技术，又一次发现了"人马座"中有一颗类地球行星，他们甚至很清晰地看到了这颗距离地球100光年的行星上有哪些山脉和湖泊，甚至还能看到广阔海洋中发生了赤潮。

（2）凶残的"蜂群"

"蜂群"是个好东西，是"团结力量大"的典范。因为有了信息互联，可以完成分布式协作任务模式，实现"1+1 > 2"。对于光学载荷而言，"蜂群"如同多孔径，可以比较容易地实现看得"更广"，但是想看得更清楚（更高），就需要抵近观察，尽可能靠近目标，这样一来呢，危险加大，很容易暴露自己，严重的结果就是"英勇就义"，一去无回；而且，执行效率太低，总不能发现一个目标就傻傻地看一个目标吧。于是，"蜂群"开启合成孔径模式，千军万马尽管来，管你强敌百万千，观你清楚到毫厘，绝不任你横行先。"蜂群"拥有了宽广视野和高分辨率，战无不胜。

（3）瞧，我"摇摇"手机拍到了"月球坑"

2050年中秋节，父亲给大壮同学买了一部"摇摇"领先的手机，据说它采用了一种号称"摇摇"的超级成像技术，就是拍照时，对着目标摇摇晃晃按着"拍摄"不放，一会儿就能拍出分辨率超高的图像。月圆之夜，大壮拿着心爱的相机，对着月亮开始摇摇晃晃拍起来，一幅又一幅月亮高清图像呈现在眼前，真是令人振奋！后来，大壮采用"帕金森"式晃动拍摄时，他激动地大呼："爸爸妈妈，我看到了月球坑！"爸爸咬了一口五仁月饼，淡淡地说："这是一种信息合成孔径成像技术，据说学校还给发明人专门做了一篇长达250字的报道呢！"

▲ 手机拍摄高清月亮

苏格拉顶的申辩论

——一场关于分辨率

的讨论

公元 2023 年，小雪。退休后的"杠精"苏格拉顶教授照旧穿着他那招牌破皮袄来到罗马市中心的钟楼广场摆摊，晒太阳。摆摊主要是拉着人聊天，把天聊死，这几乎是他最惬意的事情。当然，别人可不在乎这些，只是想办法躲开。可是，今天却不同，竟然有人找上门了。刚从广州开完国际会议的国际级青年人才格小孔特意找苏格拉顶讨论问题，因为新近的多次会议都有人在质疑计算成像的分辨率问题，据说，苏格拉顶这个希腊 1.5 级教授（一级教授最高，其次是二级）最懂行。于是，就有了下面的对话。

1. 悖论

格小孔向苏格拉顶施了一礼，说："苏格拉顶教授，我请教您一个问题。在广州的遥感大会上有位专家提问：如果一幅低分辨率的图像可以超分辨率重建的话，那么重建后的图像依然可以看作是较低分辨率的图像；再用一次超分辨率重建算法，它的分辨率会进一步提升；接着，反复不停地用超分辨率重建算法，一直迭代下去，那么图像的分辨率就可以无限提升。按照这个逻辑，我们成像时，完全没有必要设计大型复杂的光学系统，成像分辨率再低都不怕，因为我们可以超分辨率重建啊。因此，有了超分辨率这一神器，我们再也不需要去研究各种各样的成像方法了。苏格拉顶教授，您说对吗？"

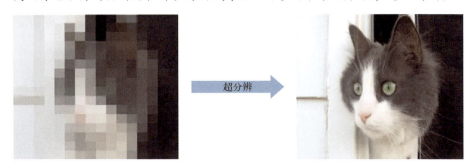

超分辨

▲ 超分辨率重建

苏格拉顶说："年轻人，你说的其实是两个问题，一个是纯粹的超分辨率重建，另一个是光学系统的设计问题。我们先看一个通俗的例子。你的生命从一个细胞开始长到现在，每天都在长高一点。如果按照你的说法，那么你现在应该至少有几十米高了。可是，你现在的身高还不是只有 1.68m？"

格小孔脸都红了，身高对他来说是个大问题，忙分辨道："苏格拉顶教授，你跑题了。这跟人的成长不同。人在幼儿期和青春期成长得比较快，但到了成年以后再也不会长高了，而且，身高与遗传有关。我们现在讨论的是超分辨率的问题。众所周知，超分辨率算法的确能提升图像的分辨率，从早期的插值算法到现在的深度学习，算法越来越牛，而且，在很多领域中已经应用了。你看，我们现在用的手机，天上的卫星遥感，都在使用一些超分辨率算法。"

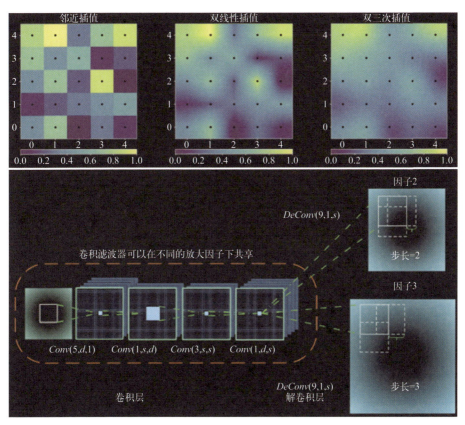

▲ 基于插值与深度学习的超分辨率

苏格拉顶说："年轻人，你认为超分辨率与人的成长不同，但有一点却是相同的，那就是你认为人的成长是有条件的，而忽略了超分辨率算法的条件，这才是问题的关键。"

格小孔说："教授，你看，光学系统的调制传递函数（Modulation Transfer Function，MTF）和点扩散函数，具体体现其实就是弥散斑的大小。如果你的探测器像元尺寸为 6.5μm，而你设计的'计算光学系统'光学分辨率大小为 26μm，甚至更大，而你说经过计算成像重建之后，却能够满足探测器成像要求，也就是重建出来的图像分辨率（艾里斑半径）小于 13μm（对应两个像元尺寸）。如果按照你的说法，你们在卫星上运行的这些光学载荷，1m

分辨率的可以经过你的算法就能得到 0.5m 的分辨率，你说对吗？"

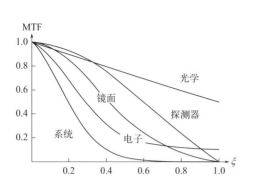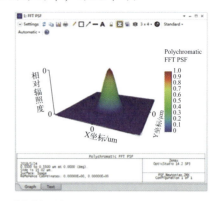

▲ 光学系统的 MTF 和点扩散函数

苏格拉顶说："格小孔，你的这个说法看起来似乎很正确，但却忽略了退化的原因。退化原因不同，退化模型自然不同，图像恢复的结果自然也不同。理想成像模型是不存在退化的，也就是点扩散函数值恒为 1；而一旦有了退化，就需要用退化模型来解决图像恢复了。当然，在光学系统设计的像差很小的时候，我们也可以认为成像已经接近理想状态。"

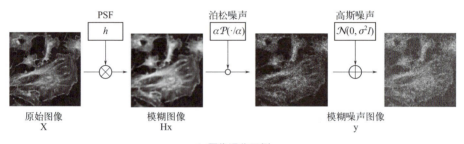

▲ 图像退化示例

格小孔说："教授，你说的这个就有点抽象了。"

2. 释疑

苏格拉顶说："格小孔，我给你举个例子吧。村里有 100 户人家，在没有银行之前，每户人家都把钱放在家里自己保管。很显然，每户人家都知道自己有多少钱。后来，村里开设了一家银行，银行有利息，于是这 100 户人家都把钱存到银行里，银行开一个存款单，每户人家根据存款单就知道自己有多少钱。可是只有一家银行风险比较大，于是，村里又新增了 4 家不同的银行，每家银行利息不同，特点也不同。村民觉得不能把钱全放在一个银行，于是在每家银行都会存一些钱，同样，每家银行都会给一个存款单。很显然，即使存在多家银行，每户人家也都知道自己有多少钱，只是稍微麻烦一点，把存款单加起来算算就行。当然，如果考虑利息的话，那就更复杂一点。"

格小孔说："你是说银行就相当于探测器的像元，是吧？没有银行的情况就相当于传统成像，每户人家相当于物方的一个点，每个像元存储这个点的强度值，其实就相当于这户人家的存款，一一对应。

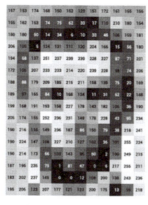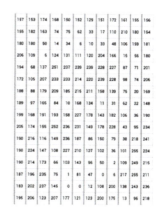

▲ 每个像元存储点的强度值

"只有一家银行时，只有一个存储单元，只能存一个数值，但这个数值包含的是全村人的总存款信息，也就是物方信息只有一个像素的像，要解出每户人家的存款必须要有一个查找表（Look Up Table，LUT），而且这个查找表必须要有空间位置信息和存款额信息，才能还原每户的存款信息，也就是成像。很显然，这种成像方式需要大量的预先知识，也就是那个查找表，才可能成出像来。这基本不太可能，因为建立查找表的代价甚至比成像还高，不值得。

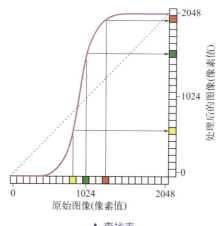

▲ 查找表

"你说的第三种情况就更有意思了，有 5 家银行，100 户储户，看起来情况比第二种好一些，但还是需要一个查找表才行，而且比第二种情况还复杂的是它还需要一种计算规则，才能一一对应计算出空间每一个点的像素值，缺一不可。

"教授，我看这个行不通啊！"

苏格拉顶说："年轻人，你说得很有道理。我们再进一步考虑这个问题，假设有 100 户人家和 100 个银行呢？"

格小孔说："教授，你是不是疯了！没有人会这么做的。"

苏格拉顶说："是啊，格小孔。很多人背地里叫我'杠精'，其实'杠精'是不分边界条件、毫无逻辑推理而言的不讲道理之人。我只是举个例子，又不是让你真去开 100 家银行。"

格小孔说："好吧，那我顺着你的逻辑来。100 个储户是固定的，100 家银行的每一家既可以只服务专门的一个储户，实际上就是做了这个储户的管家，也可以服务这 100 个储户中的任何一个，是吧？"

苏格拉顶说："很好。"

格小孔说："教授，我知道你为什么煞费苦心地设置 100 个储户和 100 家银行了。储户代表物方，银行对应的则是像方，设置 100 个储户就能与 100 个银行一一对应了，此时就是物像共轭的经典成像模式；如果允许储户在多个银行存钱，这就意味着物方一个点存储在像方多个像元中，如果要知道每个储户到底有多少存款，拿出存单算一算就可以了。存单就是那个解译算法，不过，此时不需要查找表了，因为储户数和银行数是一致的。"

苏格拉顶点点头，说："年轻人，你真是个人才！"

格小孔脸一红，说："我们还是继续讨论分辨率这个问题吧。我似乎明白了一点。其实你已经说得很明白了。不过，按照传统的成像方法做不是已经很好了吗？何必还要这么费劲做像素间的混叠呢？很显然，这种方法要付出代价。"

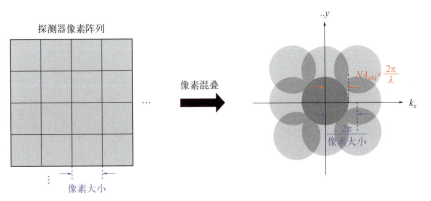

▲ 像素混叠

苏格拉顶说："你说得对，这种代价是计算层面的，只要算力够就可以。难道你就没想过传统成像的代价吗？"

格小孔想了想，摇摇头。

苏格拉顶咬了一口肉夹馍，继续说："传统成像最大的特点是物像共轭，物方一点与像方一点——对应，但为了做到这一点，在光学系统设计上需要付出很高的代价，修正诸如畸变、场曲、色散等各种像差，导致光学系统很复杂，想做小、做轻、低成本都很难。你看看你的 iPhone 15 手机摄像头都是凸出来的，就是这些原因。在航天应用中要做大口径，那就更不得了。不是有航天相机重量与口径三次方成正比这一说法吗？越大的口径，付出代价越高。你应该知道，光学系统的加工周期和成本与口径成指数关系啊！"

▲ 手机镜头

格小孔说："是的，教授，在广州的会议上，就有专家针对光学遥感的分辨率问题提出疑问。一个做计算光学系统设计的学者提出用低精度镜面做高精度成像的报告，吸引了很多人的眼球。但是，很多人都在质疑：低精度镜面的 MTF 比高精度镜面差了不少，需要用类似超分辨率图像重建的算法恢复出接近高精度镜面的图像。这听起来很好，低精度镜面意味着加工周期短了很多，成本也大幅降低，而航天光学相机载荷的研制往往都很长，成本也很高，300mm 口径的镜子至少需要 9 个月的周期，大口径就更长了，而且装调也很困难。但是，它的缺点是 MTF 下降，如果用传统光学测试评价，很显然，它处于劣势无疑，于是，引入了重建算法，但这个算法需要一个合理的解释，才能被广泛认可，否则，很多人就可能得出一个不停做'超分辨率重建算法可以无限提升分辨率'的悖论。"

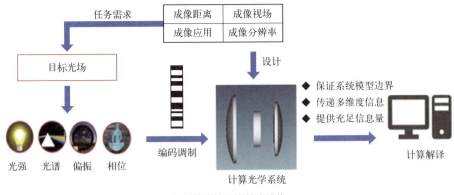

▲ 低精度镜面高精度成像

苏格拉顶说："这个问题很及时。我问你一个问题，格小孔。100个储户在100家银行中都可以存钱，凭存单计算存款，这很容易理解，难道偏要逼着每个储户只能存一家银行吗？"

格小孔说："这些我都能理解，但是你得说出一个道理啊！"

3. 解惑

苏格拉顶说："好的，格小孔。为了不引起其他争议，我们做一个假设，那就是光学系统的分辨率恰好符合探测器的采样频率，即光学系统的光学分辨率恰好等于两个探测器像元尺寸。当然，真实情况肯定不是这样的，大多数情况是两个探测器像元尺寸大于光学分辨率，此时光学设计上存在一定的冗余，衍射极限一定能满足空间采样频率的需求，也就是采样后的分辨率就是成像的空间分辨率；还有一种情况是两个探测器像元尺寸小于光学分辨率，这种情况经常被称为超采样，尽管空间分辨率看起来很高，但受限于衍射极限，在可分辨线对数的测试上却达不到采样频率的指标，很多人把这种情况俗称为'光学镜头喂不饱探测器'，采样后的分辨率达不到应有的空间分辨率。"

格小孔说："教授，你说直接一点吧。"

苏格拉顶说："一开始你提出6.5μm像元大小，计算光学系统的弥散斑覆盖了13.0μm，也就是4个像元，这其实相当于一个储户把钱存在了4家银行，对吧？"

格小孔说："那也不意味着每个储户都有存单依据啊。"

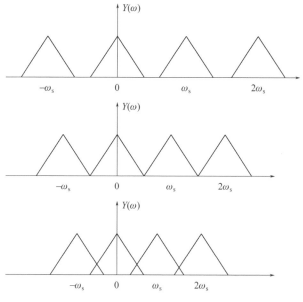

▲ 欠采样、正常采样和过采样

苏格拉顶说："你说到了问题的关键。其实，在之前的遥感图像处理过程中，经常会用一种 MTFC 方法，也就是调制传递函数补偿方法，其目的也是要建立一个存款查找表，只不过是在求解反问题的时候，这个查找表没有办法真正建立起来，没办法，只能折中得到一个统计性的查找表。既然是统计性的，那就意味着建立了一个在概率上的约束，最后的求解并不准确，只是将多解问题进行了约束。"

格小孔说："你的依据是什么？"

苏格拉顶说："其实计算光学系统可以被认为是一种编码的光学系统，由两部分组成：存在某些像差的光学系统＋编码。如果把成像系统看成线性的，那么，存在某些像差的光学系统有一个点扩散函数 h，这个编码可以认为是

▲ 卷积过程

一个卷积核 k，此时，整个系统的点扩散函数就是它们两个的卷积形式 $h*k$。当然，像差和编码都会对 MTF 产生影响。

"回到存单这样的对应关系上，我们可以假设光学系统的弥散斑覆盖了几个像素，理论上讲，从它的点扩散函数上就可以认为是储户的存单，分别能够还原每个储户的存款情况，也就是可以恢复出与'理想'光学系统一样的成像结果。

"'理想'光学系统则是一个储户存一个银行的模式，也就是说它不存在多个银行存款的单据，自然就不可能从其他银行提取款项。自然，你想用图像恢复算法重建一次，再做重建时，退化模型已经变了啊！也就是，不满足重建条件时，再做超分辨率重建已无意义，这才是最重要的。其实，这种情况在光学上对应的是系统的鲁棒性，也就是成像状态必须是稳定的，要求很高。

"而计算光学系统设计不同，它的目标恰恰就是每个储户都会对应有存单，也就是查找表要更准确。但是，它恰恰是一个非稳态的成像过程，查找表的求解也是个问题。现在很多人采用深度学习的方法，通过大量的数据训练，结果看起来还不错。"

格小孔说："教授，你说的其实包含了两个意思：一是针对图像的超分辨率重建问题，做完一次重建算法之后获得了一幅高分辨率的图像，但此时的高分辨率图像已经不满足该超分辨率重建的前提条件了，再做一次重建无益；二是采用了计算光学系统设计的镜头，其退化模型已经固定，甚至可以根据物理设计模型或用成像实验测试方法获得该模型，用它来做图像重建算法，可以获得与传统成像相同的一对一映射物像共轭关系。与超分辨率重建一样，该重建算法也只能用一次，而且只能对该成像结果使用；这也就是说，不可能把计算光学系统设计的重建算法应用在传统成像模型中。你说对吗？"

苏格拉顶说："格小孔，你真聪明！超分辨率呢，其实可以理解为你买一个理财产品，这个理财产品要求你在银行里存的钱不少于多少天，然后才能获得额外的更多的钱。很显然，理财是有门槛的，是需要付出代价的，不可能平白无故多出钱来。这个门槛，其实就是超分辨率重建的条件。如果说你想用这笔钱再做一期理财，你得到了理财周期才能完成下一步，前提是这个理财还必须存在。你理解了吧？"

格小孔说："有道理。我是不是可以进一步这样理解：压缩感知成像方法其实就像 100 个人分别在 10 家公司工作，这 10 家公司互相有着复杂的股权关系，公司把钱存在 4 家银行，他们的收入既包含工资还有分红，那么每个人有多少钱就需要根据股权等复杂关系才能计算出来，是吧？"

苏格拉顶叹了口气，说："你真是个好苗子！这个问题以后有机会了我再进一步讨论。可惜啊，我已经退休了，退休前几天我就把办公室的私人用品像蚂蚁搬家般全都搬走了，从此不再踏入一步。否则啊，我就把你纳入麾下。可惜，可惜……"

4. 精减

格小孔说："苏格拉顶教授，我还有个问题想请教。你一直在强调计算光学系统设计，它与传统的光学系统设计到底有什么本质不同？带来的好处是什么？"

苏格拉顶说："这个问题很好。成像光学无非两点主要功能：一是汇聚能量，二是建立物像投影关系。传统光学系统和计算光学系统在汇聚能量方面相差无几，可以忽略，我们只讨论物像关系。从数学的角度来看，传统光学系统设计方法，其实是建立了一个一对一的物像共轭映射关系；而计算光学系统设计则打破了函数的一对一线性映射关系，建立了一种更为复杂的函数映射关系，目的是降低光学系统设计的难度。这是因为在实际光学系统设计时，需要综合考虑诸如球差、彗差、像散、像曲、畸变、色散等各种像差，以达到应用的目的，这个过程在数学上其实是在解方程组，需要多个方程来求解，一个方程就意味着镜片的一个'面'，多个方程就需要多个'面'，代价就是镜片越来越多，加工和装调越来越复杂，镜头越来越重，成本也就越来越高。"

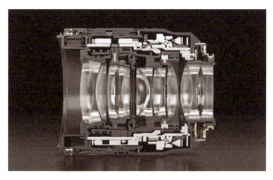

▲ 摄像镜头的镜片组

格小孔说："那从信息的角度怎么看呢？"

苏格拉顶说："好，我们再从信息的角度看这个问题，无论是传统的光学系统设计，还是计算光学系统设计，本质都是获取'物'的信息，只是信息传递的方式不同。"

格小孔说："这我就有些糊涂了，都是通过镜头获取并传递信息，怎么会不同？"

苏格拉顶说："传统光学系统设计的理念是优先保证像质，信息是在这个前提下获取的，而计算光学系统则是以信息传递为准则，首要考虑的是信息获取多少，如何解译，然后再看光学上如何设计。"

格小孔说："你的意思是只要能保证信息进入到光学系统中，而且能建立一个像储户在银行里存钱一样的数学关系，就能保证计算光学系统像传统光学系统一样实现高分辨率成像，当然图像是重建的，是吧？这样带来的好处是不再盯着像差看光学系统如何设计，光学系统可以简化很多，甚至面型的精度都可以降低，你说对吗？"

苏格拉顶说："格小孔，你说的对。这其实就是计算光学系统的精髓所在。"

格小孔说："可是，减少光学镜片的数量，会造成方程组是欠定的，你还得要设计多个面吧？"

苏格拉顶说："不，格小孔，我们可以在面型上做文章……"

格小孔说："你说的是自由曲面还是编码？"

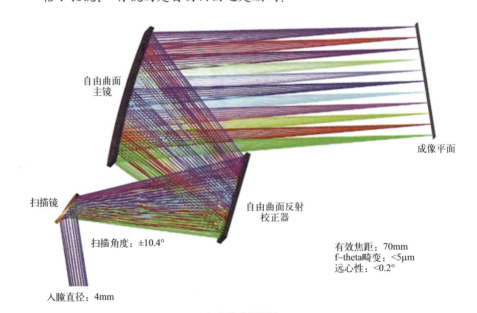

▲ 自由曲面设计

苏格拉顶说："这两种都可以，实际上，我们也可以认为自由曲面是一种特殊的编码。"

5. 熵增

格小孔说："编码听起来不错，可是怎么设计才能保证更好呢？"

苏格拉顶说："这是个好问题，但我只能说一个准则，那就是要保证这个编码能解译出所需的信息。现在这个阶段，依据光学加工工艺和光学材料本身来考虑这个问题更实际。比如说，一个加工好的光学系统，即使没有专门的面型编码设计，但它的面型已经不满足可见光 $\lambda/50$ 的镜面精度要求，而是做成了 $\lambda/10$，考虑这样的镜子如何高精度成像。"

▲ 光学编码

格小孔说："这个有些难吧？"

苏格拉顶说："是很难，但可行。"

格小孔说："教授，你没开玩笑吧？"

苏格拉顶说："格小孔，明年你就会看到这样的镜面成像在卫星上验证了。现在镜子都加工好了，金属铝的镜面。"

格小孔有点吃惊。

苏格拉顶看了一眼格小孔，说："小孔，其实，这个计算光学系统在重建上还有一些问题需要考虑。"

格小孔说："什么问题？"

苏格拉顶说："数字计算问题。"

格小孔说："我记得看过《计算光学成像中的数学问题思考》那篇文章，是不是说的就是这个问题。"

苏格拉顶点点头，继续说："那些从纯数学的角度看很完美的公式，在数字计算时却需要考虑特别的算法，去规避除以0、无穷等问题，引入的数字噪声也是一害啊！你看看，凡是经过数字处理的图像，都会导致信息熵增加的问题，很多信息会损失掉，信噪比低的情况下尤为明显。你看看手机拍的照片就能看出端倪。"

格小孔说："有办法解决吗？"

苏格拉顶说："当然有，这需要更多的人一起去研究算法，提升图像重建的质量，如果能接近传统光学系统的成像结果，应用就没问题了。当然，还需要高速重建算法，这些都需要一步步来。"

说到这里，苏格拉顶陷入了短暂的沉思，然后说道："有一个问题，我们需要好好考虑，那就是信息熵的变化能够带来成像质量的多大变化。通俗地讲，就是一斤熵换取多少斤分辨率的提升，哈哈哈哈……"

格小孔说："谢谢你，苏格拉顶教授。"

苏格拉顶说："一句话总结，解模糊是要弄清楚每个人到底存了多少钱，超分辨率是想'凭空'生出更多的钱。至于怎么解、怎么生，那就靠你们的本事了。"

说完，迈开大步，头也不回，走向远方。

海洋光学成像

——从老子的《道德经》说起

上善若水，水善利万物而不争。

——老子

"你提高激光器的功率啊，再深再远我们都能看清楚！"司令官坂田纯一郎把泡着枸杞的水杯重重地摔在地上，不过瘾地补充道，"一群废物！"

小泉大佐不敢怠慢，两腿并立，身体挺直，敬礼道："报告司令！昨日我们已经实验过1 GW功率的激光，比之前的功率提升了10倍，但还是看不清，也看不远……"

坂田瞪着豆粒大的眼睛，盯着小泉，气呼呼地手一扬，一个巴掌就扇了上去，喊道："我们花了那么多科研经费，你们就造了这么个破东西！前些日子，我们缴获了一条对岸的东方红海底探宝船，船上竟然安装了千米水下成像的相机，遥遥领先！可惜，缴到了我们手里时，它竟然启动了自毁程序，销毁了。"

小泉大佐冤枉地嘀咕道："坂田君，我们的激光器一开，周边的水"哗"地一下就烧开了，鱼汤都熬好了，是真的看不到啊！我猜，海洋应该有密码……"

"啪！"又一记响亮的耳光降落到大佐冤屈的脸上，坂田君还狠狠地丢了一句："还搞起了玄学！"

是小泉大佐错了还是"老子"错了？

1. "老子"的海洋密码

有人说：海洋像人心一样，永远都看不透。难道海洋真的有传说中的密码？

▲ 地球

海洋占据了地球 70.8% 的面积，以至于我们生活的地球被称为蓝色星球。海洋下面有火山、有盆地，有丘陵、有山峰，有沟壑、有洞穴，更有沉船、飞机残骸、各种垃圾，还有丰富的海洋生物。据说，海洋生物的种类远超陆地生物。可是，人类对海洋却知之甚少，即使人类能把传感器发射到遥远的火星，面对近在咫尺的海洋却只能望洋兴叹，原因就是人类在水中高度近视，近乎"瞎子"。"瞎子"的耳朵好使，就用声音探索海洋，可是，在"百闻不如一见"面前，"瞎子"还是想用有限的视力去看一看这谜一样的海洋。光是有这种不屈不挠的精神还不行，我们必须知道海洋的密码。

▲ 海洋密码

我们看不透海洋，本质原因是水，这种常被称为混沌介质的神奇之物，以至柔之气击败所有的阳刚，"水滴石穿"也是它的杰作。在这个星球中，横行天下的雷达电磁波，遇到水便销声匿迹，仿佛从未来过。红外，这个"黑白通吃"的家伙在柔弱的水面前，连头都抬不起来。还好，上帝在几乎把所有电磁波的门都关上时，唯独给可见光这扇门还留了个缝，让可怜的人类在水面前还保持一点点"视力"。据说，2000 多年前的老子李耳同志发现了这个秘密，写在《道德经》里，写下了"天下莫柔弱于水，而攻坚强者莫之能胜，以其无以易之。弱之胜强，柔之胜刚，天下莫不知，莫能行"等玄而又玄的东西。伪道腐儒常以熟颂《道德经》而得至宝，然却非知《道德经》几经伪造，更不知其密码焉存，沦为言必老子、"道可道、非常道"的口若悬河之流，而老子提倡的却是三缄其口。

传说，三国时的王弼把《道德经》篡改一遍，后世以为真传，然则不知，王弼出于某些不可告人的目的，竟然把老子关于水的密码给删除了，改头换面，变成了现在流传的版本，只留下了"上善若水，水善利万物而不争"的片言只语。

显然，我们不知老子到底是怎么说的，我们只能从蛛丝马迹中探索一下老子的密码。老子的核心思想是至柔至刚，以柔克刚，刚柔并济。水乃至柔之物，对付水绝不可强来。

海洋的本质是水——一种可以透光的介质，与空气相比，水的密度很高，而一旦混入了泥沙、盐分、水藻、浮游生物等物质，因其"不争"，只能逆来顺受，却也导致性质发生变化，这必然会影响光的传播问题。

既然上帝还给可怜的光在海洋中留了一条窄门，那就要看看谁能通过这道门，怎么能走得更远。这其实就是关于光的频率问题。

水又是一种典型的体散射介质，在光的传播方向上会存在路径千千万的复杂情况，这就意味着给这些没有经过约束的光贴上"不团结""散漫""自由"这些标签，一点都不过分。能不能让光子"统一思想"，让它们听话呢？其实这就是我们在海洋光学中尤其要考虑的在体散射介质中的光场调制问题以及多维度光场探测的问题。

"以柔克刚"，还有个意思是在水下，远距离反射回来的信号光很弱（柔）、而背景光很强（刚）的前提下，如何提取区分信号和杂光，该聚的聚（信号），该散的散（杂光），让我们看得更清楚。

总结起来就是，首先让光传输得更远，返回的信号光特征更强，然后抑制强背景干扰，有效提取信号。

这是我分析的老子关于海洋密码的线索，接下来，顺着老子的海洋密码来看看海洋光学该怎么发展。

2. 蓝还是绿

海洋光学，言必蓝绿。作为一个常识，连不懂海洋光学的人都知道。这其实是由水的性质决定的，因为在水下，光的吸收、散射几乎占据了主导，再加上发散角的存在，能幸运走得更远的光子越来越少。

其实，这个问题要理性地去思考。比如，有人问具体是蓝光还是绿光，是哪个波长啊？这时候就有人开始犹豫了。严格地讲，蓝绿只是一个笼统的称呼，只是告诉我们，通常处于这一波段范围内的光更利于水下传播，而且隐含着"水是清澈的"这一前提。

有个报道说深海巨型热带水母会发蓝光，这是为什么？答案是大自然的选择。因为在太阳光根本无法到达的深海区，处于一片黑暗状态，而且深海区水质特别好，蓝光更容易传播，从而达到水母迷惑掠食者和吸引猎物的目的。

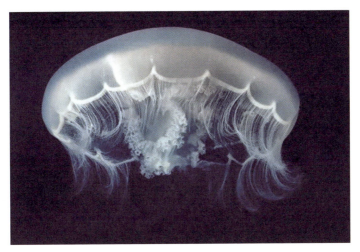

▲ 海洋中的水母

另外，即使在浅水区，我们拍摄的照片也偏蓝，这其实也是因为其他波长的光大多被吸收而蓝光保留更多的原因。在浅水区域，水体对不同波长的自然光的吸收以及散射的差异性会造成重建图像存在严重的色彩失真。海水对光波的吸收与光波的波长成正比，与此相反，海水中粒子对光波的散射与光波的波长成反比。成像过程中，目标信息光与背景散射光经海水衰减后，波长较短的蓝光由于吸收较少而被探测器大量接收；同时，由于海水对波长较短的蓝光散射最大，因此，随着水体下行深度和成像距离的增加，造成拍摄的照片中蓝光占主导地位。

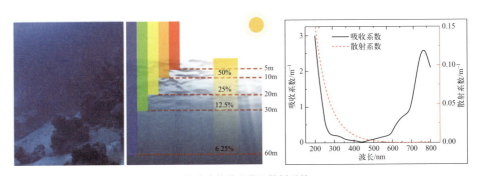

▲ 海水水体的吸收和散射系数

当然，我们现在可以用偏振成像方法有效解决水下偏色的问题。偏振信息天然具有移除水体散射的作用，在去除后向散射光的基础上，基于后向散射光与目标到探测器距离之间的关系，将目标的距离信息与 Lambertian 反射模型相结合。Lambertian 反射模型描述了光线在物体表面均匀反射的特性，在传统模型的基础上，吸收和散射特性随距离的变化，建立水下 Lambertian 反射模型：

$$f(x) = \int_{\omega} a(x)e(\lambda)s(x,\lambda)c(\lambda)\mathrm{d}\lambda$$

这种水下 Lambertian 反射模型的关键在于将各种因素综合考虑，包括光源的特性、物体表面的反射率以及探测器的响应函数，依据 Gary World 理论，建立相应参量与场景深度之间的关系，通过求解模型，从而更有效地弥补水体吸收光能量所引起的影响，实现颜色信息的还原。此外，对于重建图像中含有的非均匀噪声，以场景深度信息作为权重因子，设计一种自适应去噪方法，在去除远处目标噪声的同时，可以保留近处目标的细节信息。这将在海洋物种监测等需要观察目标颜色信息的应用领域具有重要的研究价值。

▲ 水下偏振成像

我们来看一个数据，在南海一般用 450 ～ 480nm 波长的蓝光传播，而水质越差用的波长越长，很多时候，直接用 630 ～ 680nm 红光。这很能说明问题：水质决定波长，水质越好，大分子越少，蓝光无疑是最好的选择；随着水质变差，水中成分复杂，短波长的光更容易发生散射，导致传播距离近。在这里，我们看一个实验，在清水中加入脱脂牛奶，随着浓度变大，不同光的传播距离清晰可见。

在这个实验中，我们加入了不同浓度的牛奶，采用不同波长的光源照射进行对比实验，可以明显看出，在介质浓度相对较低、水质较为清澈的情况下，二者的对比尚不明显；而随着浓度增加，水质变差，水中介质成分逐渐复杂的情况下，长波长的红光的优势逐渐凸显，其传播的距离更长，可探测和成像的范围更加广泛。

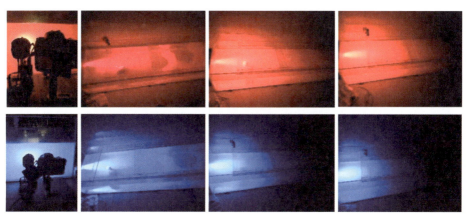

▲ 红蓝光在不同浓度牛奶中的传播情况

很显然，老子"水因势随形"的道理是对的。在实验过程中，我们甚至发现，即使看起来清澈程度差不多的水质，因为盐分等成分不同，对光的吸收也不同，相对应的，光的频率选择也略有差异。

当然，我们还得思考一个问题，那就是：难道只有一个波长可以选择吗？

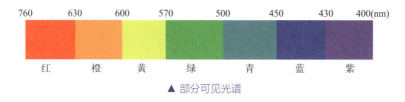

▲ 部分可见光谱

3. 光场调控，给光子"统一思想"

光在水中的传播距离主要受到吸收和散射的限制，很显然，减少吸收和散射无疑是最佳途径。可是这句话说起来容易做起来难，目前普遍的做法还是加大光的功率，结果却并不理想。

▲ 同一水质条件下不同光源功率的效果

光在水中之所以传不远，可以归结为一个原因"思想不统一"，而给光子"统一思想"的有效方法其实就是光场调控。当然，能做光场调控的只能是主动照明模式。

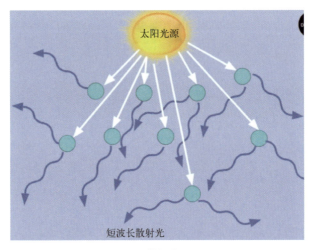

太阳光源

短波长散射光

▲ 散射光

这是因为光场调控技术是一种能够控制光子行为的方法，通过光场调控技术，甚至可以制作光镊，操控细胞、微小颗粒，等等，发明者阿瑟·阿什金（Arthur Ashkin）也因此获得 2018 年的诺贝尔物理学奖。同样地，在海洋光学中，通过改变光场强度、相位、偏振态等分布，科学家们也可以精确操控光子在水下的传播路径、聚集和扩散，从而改善水下环境的可见度和成像质量。无疑，光场调控为解决水下环境中的光学问题提供了新的思路。

在水下成像中，由于水的散射、吸收和折射等特性，使得光线传播的路径变得异常复杂。水是一种复杂的体散射介质，参照光场调控技术在微纳光学和生物医学等领域中的应用，我们依然可以通过控制光的传播方向、振幅和相位等参数，给光子"统一思想"，让光传播得更远，从而实现对水下环境中目标物体的清晰成像。

无论在水下还是在自由空间中，衍射都是造成光束能量衰减的重要原因。通过光场调控的手段，可以构造一类具有特殊相位分布结构的光束，即无衍射光束，在一定程度上降低衍射对能量损耗的影响。

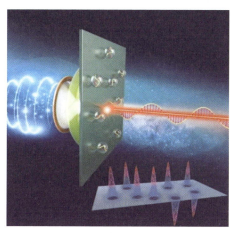

▲ 深亚波长尺度的局域超手性光场效果图

无衍射光束是 Durnin 等人在 1987 年提出的概念，是指在传播过程中横截面上的光强分布保持不变的光束。无衍射光束实际上是波动方程的特殊解，可以看作是不同传播方向波矢的平面波叠加，且各平面波的相对相位保持不变，当光束遇到遮挡物时，即使部分平面波分量通过，也可以通过其余分量的干涉重建遮挡部分的波前分布，因此具有自修复特性，使光束稳定传播。理论上，组成无衍射光束的平面波分量应该无限多，能量无穷大，但是，这在现实中无法实现。常见的方法往往是通过光阑对光束进行切趾，使光束能量为有限值；此时，切趾后的光束能量为有限值，在特定区域内具备无衍射特性。虽然理想的无衍射光束无法产生，但经过切趾后的近似无衍射光束其传播距离仍然远大于相同半径的高斯光束，适合远距离光信号的传输。

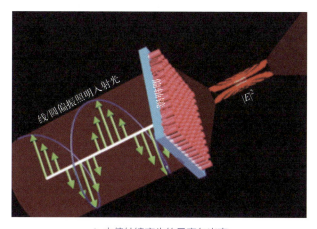

▲ 由偏轴镜产生的贝塞尔光束

涡旋光束是一种等相位面呈螺旋状分布的结构光束，在一定传播距离内可以保持无衍射特性，使得涡旋光束在水下环境中表现出较高的稳定性和鲁棒性。大量实验结果表明，在浑浊水体中传输时，涡旋光束相比于高斯光束具有更强的传输能力，同时，在较强湍流存在的情况下，涡旋光束也能够在一定程度上保持其螺旋相位结构，其传输能力随着拓扑荷数增大而增强。另一方面，不同拓扑荷数的涡旋光束具有不同的轨道角动量，彼此之间相互正交，不同角动量的光束可以实现多路复用，极大地提高了水下通信系统的容量。

贝塞尔光束是另一类典型的无衍射光束，其横向强度分布呈现出贝塞尔函数的形状。与传统的高斯光束相比，贝塞尔光束具有无衍射、自修复和长景深等特性。由于贝塞尔光束的无衍射特性，它能够在水下传输更长的距离，实现更远距离的通信和成像。同时，贝塞尔光束的长景深特性使得它能够在较大的深度范围内保持较好的成像质量。贝塞尔光束的自修复特性使得它能够在受到散射、遮挡等干扰后迅速恢复原有的形状和传播方向，在水下成像过程中可以获得更加稳定、可靠的图像信息。

当然，这些仅仅是常规的一些无衍射光束的光场调制模式，对于越来越成熟的多维光场调控技术来说，在微纳光学和生物医学领域广泛应用的光场调制技术一定可以用在海洋光学中。

对主动水下成像来说，光走得远了，如何回来也是个问题。那下面就来看看返回来的信号光如何探测。

4. 水下成像

在激光雷达的探测中我们知道，能量的衰减与距离的四次方成反比。显然，这已经很要命了；可是，更要命的是水对光的吸收和散射占了主导因素，衰减竟然蜕变为指数衰减，也就是与衰减系数和距离的乘积成指数关系。公式如下：

$$I = I_0 e^{-\alpha x}$$

式中，α 为衰减系数；x 为距离。

很显然，能量的衰减是导致水下探测距离近的主要原因。不过，困难远不止如此，信噪比是探测面临的另一个问题，而对信噪比影响较大的因素莫过于前向散射和后向散射。这两种散射除了都会损耗成像光束的能量之外，后向散射在主动照明时会产生更为严重的杂散光噪声，前向散射则会造成成像模糊。

为了提高信噪比，科学家已经设计出几种典型的水下成像方法。

（1）距离选通

距离选通技术是利用脉冲激光和选通门利用时序信号的差异，将不同距离处介质的散射光与目标物的反射光分离，从而在成像相机上只显示目标物的强度图。通过时域调制，可以对由水体产生的大量后向散射信号进行屏蔽，减小水体散射对水下成像质量的影响，提高水下成像的作用范围。与此同时，由于距离选通技术在时间和空间上存在映射关系，可以实现对目标的三维成像。该技术空间分辨率高，探测器单元尺寸小、成本低、成像质量高，但对激光器、接收机和同步控制技术的要求很高。

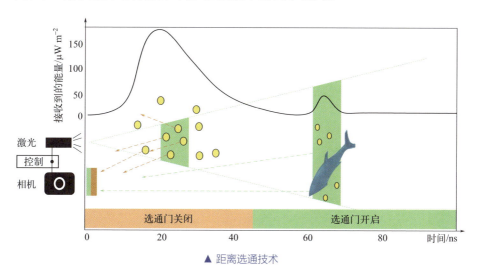

▲ 距离选通技术

（2）激光线扫描技术

激光线扫描技术利用准直线阵激光与瞬时视场很窄的接收器同步扫描成像信号。由于接收器瞬时视场很小，由水体产生的大量后向散射噪声被阻挡在视场外，抑制了水体散射对目标成像的影响。相比于距离选通技术，激光线扫描技术能有效降低激光功率要求，但无法一次成像。激光同步线扫描系统接收器常采用光电倍增管或条纹管。该技术成像距离远，成像精度高，但该系统结构复杂、成本高、体积大。

（3）水下偏振成像技术

水下偏振成像技术主要利用目标信息与背景散射光之间的偏振差异，利用偏振滤波对背景散射光进行抑制，实现目标在水下清晰成像。目前，典型的水下偏振成像技术有水下偏振差分成像、被动水下偏振成像及主动水下偏振成像等。偏振差分技术利用偏振选择器件获取沿偏振方向相互正交的两幅偏振图像，利用偏振图像的差值消除背景散射，实现水下目标的清晰成像。被动水下偏振成像技术主要利用自然光源照明，解决了由于水体吸收导致的色彩失真。主动水下偏振成像技术通过完全偏振光照明，通过分析完全偏振光由于水体吸收导致的偏振变化，实现对散射光的抑制，达到清晰成像的效果。水下偏振成像技术能获取更多维度的光场信息，在浑浊水体中也能够实现清晰成像，但该系统成像距离有限，且容易受到干扰光的影响。

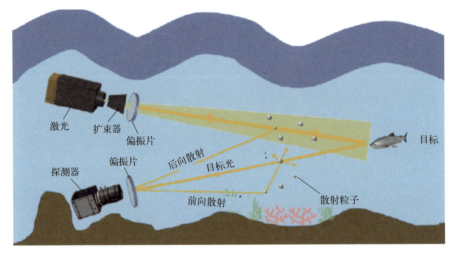

▲ 水下偏振成像技术

（4）水下关联成像技术

关联成像技术利用光场的二阶相干特性实现透过水体后的清晰成像。与常规技术相比，关联成像技术具有更强的抗干扰能力。关联成像系统主要包括两个部分：一部分是基准光路，利用探测器采集随机涨落的光子信息，另一部分是信号采集部分，该部分信号经目标及水体调制后，被桶探测器或面探测器所记录。对两部分光路记录到的强度信号进行关联运算，就能够获取目标图像。该技术灵敏度高、抗干扰、工作波长宽、成像距离远，但系统结构复杂。

（5）水下压缩感知成像技术

压缩感知成像是一种欠采样的成像方法，该技术利用信号的稀疏特性，在采样数远小于奈奎斯特采样定律时，利用随机编码获取信号的离散样本，而后通过非线性重建算法实现目标信号的高质量重建。在此基础上，可以将短脉冲照明技术、高频采样技术与压缩感知技术相结合，将不同距离的回波信号依照时序接收，并把后向散射噪声部分隔离在成像之外，实现了距离选通的目的，即软距离选通。该技术灵敏度高、成像距离远，但结构复杂。高分辨成像时数据量大，解算复杂。

这些方法各有所长，但实现更远距离的水下成像，路还很漫长。怎么办？

5. 聚散两不忘，畅游江湖海

光场是计算成像的灵魂，而升维是计算成像的引擎。目前，水下成像多依靠单一强度，很显然，这个光场投影降维的维度有些过大，信息自然丢失太多。

现在我们梳理下光场的主要元素：强度、相位、偏振、光谱和轨道角动量，当然还有时间和空间这两个辅助元素。如何充分发挥这些元素的作用，调成一盘"五味俱全"的大餐，这才是我们要做的事情。让该聚的聚（信号光），该散的散（散射光），提高信噪比，获得清晰图像。在这里，我想畅想一下。

首先，我们还是来看光谱。上帝给我们留下一道"窄门"，我们小心翼翼地去挑选波长，为的就是看得更远。这样做似乎没问题，但很显然，单论某个波长其实并不准确，应该是处于一段窄的光谱区域的光都是合适的。当然，我们并不是为了获取高光谱图像，而是看得更远。这样一来，我们就可以大胆想象一下，能否用双波长甚至是多波长同时探测呢？就像双波长全息成像一样，可以选用 LED 等低相干光源抑制散斑图案与寄生条纹等相干噪声、提高信噪比，然后选用第二束相干光源展开低相干全息相位图像抑制包裹相位畸变，如此一来，双波长模式有望在扩展测量范围的同时提高全息图的质量。再大胆一点，有没有可能像打仗一样，一个波长的光做掩护，让另一个波长的光走得更远呢？我想，这些都可以探讨。

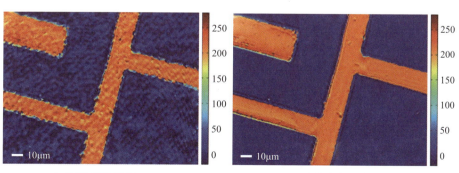

▲ 单波长相干全息　　　　　　　　　　▲ 双波长低相干全息

然后，我们再来看光场调控的问题。光场调控的主要目的是让光走得更远，而水这个近乎各向同性的体散射介质会让更多的光子湮灭在行进的路上，随着距离增长，发散角越来越大，越来越多的光子会脱离大部队走了"歪路"。我们做光场调控时，能不能利用偏振、相位等信息构建一个管道，把光囚禁在管道之中，减少散射呢？比如光针技术通过调制偏振、相位等信息，构建出一个束缚光强的空间通道，通过调控白色圆圈内约 1700 个散斑，使得该区域内的透过率增大为原来的 3 倍。同理，也可以实现透过率的抑制，从而实现对光强的空间约束。

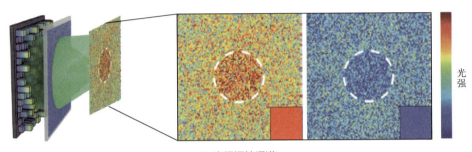

▲ 光场调控通道

右下角方块颜色表示白色圆圈内的平均光强水平

尤其是偏振的各向异性特点，再加上涡旋的调制，很有可能带来光场中的光子高度"思想统一"。其实，这些方法在微纳光学中都有一些尝试，针对水这样的体散射介质，做专门的光场调制，将大有可为。

接下来就是多维度探测的问题了。目前，在远距离水下成像中，强度是唯一的探测物理量，理由当然是其他物理量信号太弱，探测难度大。但是这里还是有漏洞，那就是忽略了目标特性的问题，而这些问题研究甚少，甚至连参考也没有。随着多维度探测技术的发展，这些问题肯定会变得不一样，尤其是新型多物理量探测器的研制，一定会带来一个全新的世界。

6. 花样

有人说，光声成像有望解决远距离水下成像问题。其实，在国内，很可能最早提出这个想法的是我，我清楚地记得那是 2016 年的 3 月，北京爆表的雾霾也没有抑制住我那颗一心想创新的心，因为彼时我的几个学生在做光声成像，所以我小心翼翼地提出了这个想法。不过，我很快否定了这个问题，因为光产生的那点声信号在海洋堪比敲锣打鼓的声响中，弱得犹如一根针落入棉絮。

当然，在水下，我们不仅仅要做远距离的主动成像，也会做被动成像；我们更想绘制出海底的形貌，于是各种三维成像技术也应运而生，比如用运动结构法、立体视觉法和水下摄影测量等都可以实现被动解译三维图像，既有纯粹的水下成像，还有从空气到水的跨介质成像，花样百出。

据说，明成祖朱棣为了阻断大臣海外寻找朱允炆的路，毅然海禁。真可谓"深渊可探，人心叵测"。朱棣怎么想的，我们不知道；近在咫尺的浩瀚海洋到底是什么样的，我们也不知道；甚至海底的沉船在哪里，我们也不知道。但人类探索海洋的决心和计算光学的崛起，建起了一座指路的灯塔。

老子说：道可道，非常道。

尼采说：当你凝视深渊时，深渊也会凝视你。

能被动『测距』的偏振三维相机：『天残』何处觅知音

场景一　一曲肝肠断，天涯何处觅知音

天残天生眼盲，却是武功奇才，且好音律，尤善抚琴。但目不能视物，麻烦诸多，尽管聪慧超群，能谱一阕肝肠断之曲，却知音难觅。一日，地缺偶闻天残抚琴，静默许久，乃上前坐于天残旁，曰：吾与汝同奏一曲，何如？天残虽盲，但耳聪异常，早知有高人倾听，乃大悦，见其愿同抚奏肝肠断，甚喜。于是，琴声再起，骤见河水泛起，山动地摇，原来却是二人武功合璧，且地缺视力甚佳，为掩人耳目，同戴西洋墨镜，从此彼此不分离，武功号列杀人榜第二，为首者乃火云邪神是也。

场景二　生存之道：双目视觉

非洲大草原上一只羚羊警觉地竖起耳朵，像听风者一般侦听随时可能来自四面八方的威胁，突然，它撒腿逃向远方，而紧跟其后的是一匹饿了三天的雄狮。它们一个跑得快，一个追得更快，不多时，羚羊瞪着铃铛大的两只眼睛绝望地望着天空，不能动弹，因为它的脖子已被雄狮牢牢咬住。

你有没有发现：凡是食草的动物，眼睛都长在两侧，因为它们随时会有来自四面八方的危险，需要更大视场的预警；凡是食肉动物，眼睛都长在前面，因为它们要追逐猎物，需要即使在快速奔跑状态下也能准确定位猎物的位置。

▲ 食草动物

▲ 食肉动物

　　人的眼睛也长在前面，两只眼睛的间距其实就是双目立体视觉相机的基线，其原理实际上是几何中的三角定位，很显然，基线越长，定位的精度越高。人类也是靠着两只眼睛生存在这个三维世界中，能够准确判断近距离目标的位置，也就是具有"测距"功能，远一点呢，这个功能就下降得厉害。从这一点来看，"眉间尺"应该有超乎常人的三维视觉能力。

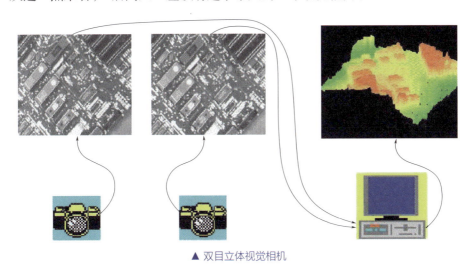

▲ 双目立体视觉相机

　　那么，一只眼睛是否也能测距呢？在生活中，我们经常会遇到只有一只眼睛具有视力的人，他们似乎也可以正常走路、跑步甚至开车。我们可以做一个"睁一只眼、闭一只眼"实验，用手触及桌面上的物体，然后双目同时睁开再实验，结果显然而知。但是，这个实验似乎也能告诉我们一个道理，那就是生活的常识、经验对单目的定位也很有用。嗯，这不就是现在很多人在做的用 AI 辅助单目视觉定位吗？

那么，我们就要思考一下：到底哪些因素会影响视觉测距？如果缺失了一些元素，还有没有办法补偿？偏振既然能三维成像，是否也能测距呢？如果偏振能实现被动测距，会有哪些应用呢？

首先，我们来看一下视觉测距的基本原理。

1. 视差——视觉测距之源

人眼拥有立体视觉的基础是**视差**，其定义一般为从有一定距离的两个点上观察同一个目标所产生的方向差异。从目标看两个点之间的夹角，叫作这两个点的视差角，两点之间的连线称作基线。只要知道视差角度和基线长度，就可以计算出目标和观测者之间的距离。

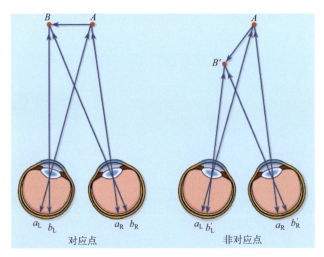

▲ 视差

因为人的左、右眼有一定的间距（基线），会造成两眼的视角存在细微的差别，而这样的差别恰好让两只眼睛分别观察的景物有一点点的位移，于是人类就能够产生有空间感的立体视觉效果。很显然，基线越长，立体感就会越强。这么看的话，立体感最强的人当属眉间尺，据专家分析，眉间尺的头在汤锅中沸煮时，依然能准确无误地咬住楚王，靠的就是双目之间基线长的优势。

我们从历史上回顾一下视觉测距的伟大案例。2000 多年前，古希腊天文学家和数学家 Hipparchus 曾巧妙地运用三角学粗略测量出地月距离。1752 年，拉朗德和拉卡伊分别在柏林和好望角进行联测，这是首次利用三角测量的方法精确测定了地球到月球之间的距离。

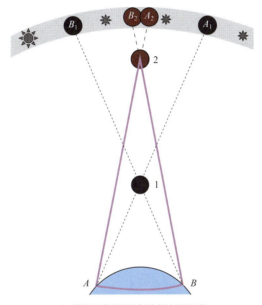

▲ 利用三角测量法测定地月距离

人类的两只眼睛与远方的物体其实就构成了一个三角形，而它们则各自对应三角形的三个顶点。在这样一个数学结构里，想要知道其中一个顶点到另外两个顶点所在边的距离，就很好确定了。当人类有了相机时，将人眼视觉推广到相机，于是就有了双目测距。具体做法就是让两个一模一样的相机保持一定距离，即基线，同时拍摄同一个场景，就可以利用两相机图像中的对应点之间的视差推导出目标和镜头之间的距离。

在这里，我们再看一看双目视觉立体成像的原理。

双目能否判断平面或者立体，其主要看目标是否发生了"相位"（视差）的变化。当物体是平面时，其两个图像视差是相同的，因为两个相机在拍摄时的光轴交点与平面重合，所以无论从哪个角度看都是一样的。在这种情况下，通过双目视觉计算所有像素的视差值都将为零，从而判定目标为平面。

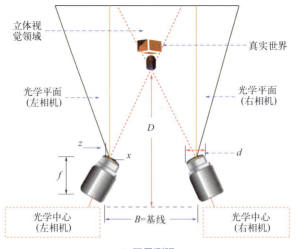

立体视
觉领域

真实世界

光学平面
（左相机）

光学平面
（右相机）

D

z

x

d

f

光学中心
（左相机）

B=基线

光学中心
（右相机）

▲ 双目测距

　　然而，当物体是立体时，两个相机的视角有所不同，相应的两幅图像中物体位置也会有差异，因此它们的"相位"不同，从而可以实现平面还是立体的判断。从实验结果可以看到，对于石膏雕像有了立体的视差效果，而对于雕像后面的平面标定板，由于视差值为零，因此重投影回的点云都在同一平面上。因此，可以实现平面或立体的判断。

　　双目视觉测距早就广泛应用，像靶场中用两台经纬仪就可以对目标精确定位测量，遥感测绘会利用卫星的一部分飞行轨道作基线，调整姿态对同一区域进行拍摄，做交会测量；现在很多无人机也会采用类似方法获取距离和三维信息。很显然，卫星和无人机的这种用同一载荷做交会测量的方法具有代价小、基线长的特点，测距的分辨率很高。但缺点也很明显，那就是需要精准调整姿态以达到拍摄同一场景的目的，同时该缺点也会导致两幅图像匹配难度增大，而且经常会出现本来完好的桥梁出现了"坍塌"现象，等等。

▲ 立体交会重建的畸变且弯曲了的桥梁

如果考虑到环境等因素的影响，那么，双目视觉还存在如下问题。

① 对环境光照特别敏感。双目立体视觉依赖环境中的自然光线采集图像，因为光照角度变化、光照强度变化等环境因素的影响，如果采集的两张不同视角下的图片亮度差别大，那么在匹配配准的时候就会造成较大误差，导致精度急剧下降。

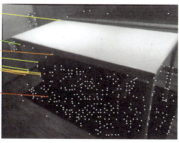

▲ 基于探测器的 SuperGlue 法

② 不适合用于单调缺乏纹理的场景。因为双目立体视觉法根据特征进行图像匹配，所以对于缺乏视觉特征的场景，如天空、白墙、沙漠等，会出现匹配困难，无法确定不同视角下的图像具体位置关系，造成匹配误差较大或匹配失败，导致立体信息的重构精度下降甚至重建畸变。

▲ 单调背景下的双目立体视觉

③ 相机基线限制了测量范围。通过前面的介绍可以看出，有效作用距离和基线关系很大：基线越大，测量范围越远；基线越小，测量范围越近。所以对于像汽车、手机、机器人等场景下基线固定的设备，一定程度上限制了双目立体重建的测量范围。

▲ 我国首个火星探测机器人

毛病那么多，代价又高，于是，我们开始"奢望"：单台相机可不可以实现测距？很显然，单台相机的基线为0，没有视差，三角关系不再成立，视觉测距的边界条件不再成立，自然不行。那该怎么办？前面我们多次强调，遇到传统方法解决不了的问题时，我们就要从**光场升维**的角度来考虑。

2. 天残：偏振三维成像的天生"残疾"

升维，专治各种"疑难杂症"！你不是想要距离吗？那就来看看光场中有哪些元素能与距离挂起钩。看看光场的"配料表"：强度、相位、偏振、光谱、空间位置和时间，与距离能关联的量似乎有相位和时间，而这两个量很显然与**主动探测**模式密切相关，于是就有了激光相位测距法和时间飞行法（Time of Flight，ToF），当然也有了能获取密集三维点云的激光成像雷达。直观来讲，光波的传播速度一定，如果能够准确记录光波从发射到反射回来的时间，我们就可以很容易地根据这个时间确定物体距离。激光相位测距法，测定出射光波往返一次所产生的相位延迟，换算该相位延迟所代表的距离信息，间接测量了光波往返的信息。而根据所使用的波不同，还有超声波、毫米波雷达、激光雷达等不同的实现手段。然而，超声波测距，探测距离仅在10米到100米，大部分实现在10米以内，具备厘米级精度但分辨率极低；毫米波测距受雨、雾和湿雪等高潮湿环境影响极大，相比微波，对密树丛穿透力低，同时元器件成本高，加工精度相对要求高。再看看备受瞩目的激光雷达测距，由于光速太快对计时系统的要求会很高，因此设备造价昂贵，同时还存在着一般基于ToF原理测距的通病——单点测距。换言之，我们对于场景目标的探测分辨率依赖于你所发射的激光雷达波数，因此在应用中为了增大视场，通常采用扫摆式成像，可这虽然减少了发射波数量，却以牺牲时间为代价。

科学家得陇望蜀的"贪婪"是促进科技发展的动力源泉。于是，一个"能不能单相机被动模式还能测距？"的新问题就浮现了出来。然后，我们不得不再次回到光场"配料表"中，看看还有哪个量与距离有关系。强度，很显然不行；光谱与距离似乎也很难发现有什么关系，那么偏振呢？提到偏振时，我们需要注意的是，它本身是一个由偏振度和偏振角构成的复合量。等等，你说什么？偏振角，偏振角……这里有个角，按道理可以与距离相关……

没错，就是偏振！我在第 1 季《偏振为什么能三维成像》一文中讲道：物体表面的法线关系与偏振度和偏振角之间有着一对一的映射关系，有了法线，就能重建出物体的三维形貌。而且，无论从计算偏振三维成像卫星载荷拍摄的远距离遥感数据来看，还是地面偏振相机拍摄的自然场景来看，偏振都能高精度地重建出物体的三维形貌，而且在理论上，偏振三维成像获得的高程分辨率与其空间分辨率是 1 : 1 的对应关系，也就是说，如果对地观测的空间分辨率为 1 米，理论上，其高程的分辨率也是 1 米。不幸的是，因为探测信噪比的原因，目前，我们只能做到 1.67 : 1 这个程度，也就是高程分辨率只能达到 1.67 米，当然，这比双目视觉测量的 2 : 1 对应关系好多了。很显然，信噪比带来的分辨率退化问题是有办法解决的，未来，我们做到 1.2 : 1 还是很有可能的。

打住，你不是前面说过，偏振只能获得物体的三维形貌，而且还是个**相对值**，怎么就得到了高程的绝对值呢？

恭喜你，问到点子上了！这也是做偏振三维成像的人最不愿意面对的问题，那就是**缺少一个绝对的距离量值**，而这恰恰就是那个最致命的"天残"！

3. 天涯何处觅知音？寻找"地缺"

无中生有是不可能的！"天残"的一曲肝肠断，觅得地缺千古一知音。"天残"虽然眼盲，不能视物，却武功精湛；"地缺"虽戴墨镜，眼力却甚佳，善于给"天残"及时指点方位和补缺。

偏振三维成像这个拥有高精度三维重建的"功夫大侠"却带着天生的"残疾"——缺少距离信息，如果能遇到"地缺"这样及时补位的助手提供距离参考，必将天下无敌。

接下来，我们就该好好分析分析。"天残"缺的是绝对距离信息，我们就得想办法找这样的"地缺"。首先回答一个问题：你那颗偏振三维成像的卫星载荷是如何获得绝对距离信息的？答案是卫星上的北斗等传感器和轨道数据能准确告诉我们卫星的定位信息，于是就有了距离。

好吧，那么在地面应用时，怎么给出距离信息呢？单个偏振相机，可否被动测距？比如，一颗车载的偏振摄像头，能否给出距离信息呢？

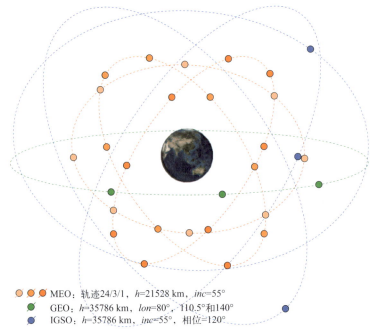

MEO：轨迹24/3/1，h=21528 km，inc=55°
GEO：h=35786 km，lon=80°、110.5°和140°
IGSO：h=35786 km，inc=55°，相位=120°

▲ 北斗卫星系统

　　于是，我们就大胆地设想一下：如果能给出一个可参考的距离信息，我们就可以从偏振三维精细的形貌中，根据已有的信息检索，很快就能够剥茧抽丝，找到蛛丝马迹，反演出距离信息，实现"测距"功能。

　　这其实就是我们要追求的目标。有了这样的相机，很显然，能够很快推向市场，广泛应用起来。

　　为了精准寻找"地缺"，我们要看"天残"到底"残"到什么程度，如果能把"残废"的等级划分一下，那就能比较方便地寻找到符合"精度"要求的"地缺"。

　　能给偏振相机提供距离信息的手段，根据精细程度从高到低可以有：激光雷达、视差和相机标定，当然，还有已知参考信息，等等。

　　首先是激光雷达，如果单点测距那就可以变得很简单，它能给出目标精度很高的距离信息，于是，根据偏振成像的对应目标点信息，恢复出全场景中的所有距离就变成了可能。很显然，天残的偏振相机加一个点测距激光雷达，就可以弥补激光雷达大面积扫描的缺点，真正可以做到"以偏概全"了！正所谓，你所舍去的恰恰是我需要的。

　　然后是视差方法，也就是双目视觉测距。说到这里，你马上想到：做一个双目偏振相机，这样的话，既有了视差，还有偏振，"天残"配"地缺"，完美结合。我们也做过这样的一台相机，确实既有双目立体视觉的优点，也有偏振的优点，堪称完美。

▲ 偏振三维相机

不过，这需要两台偏振相机，成本高了不少，而且要有一定的基线，安装空间上也有限制。那是不是单台偏振相机就无法实现视差测距呢？嗯，我看到了你在摇头，是不是？对，就是摇头——摆扫！

与立体视觉相似，设备摆扫也能提供绝对距离信息，多视角就是这类方法的代表，通过足够多的视角图像，通过它们图像视角直接的差异信息，不用对系统标定就能获得场景的深度信息。然而，摆扫的缺点是单靠两幅图像不行，往往需要十几张甚至更多不同的视角图像。显然，这种方法通常不是干活的，而是救命的，也就是在迫不得已的情况下才会用这个摆扫。机械控制、时间、存储、算法和算力的要求陡增，显然，这个代价太高。

接下来是相机标定方法。相机标定是能有效提供绝对距离先验信息的手段之一，典型特点是近距离精度高，远距离就很难谈精度了。看看摄影用的镜头所标注的距离刻度，从近距离的 0.7 米到 1 米的刻度间距远大于 10 米到无穷远的刻度，便一目了然。当然，这种方法与焦距和相机参数紧密相关，在近距离应用是没问题的。

▲ 镜头

最后是"非主流"门派的方法。首当其冲的便是"相似估计",即如果在场景中有我们已知的目标的尺寸等先验信息,是不是就可以根据此先验推算出它离我们有多远。比如,我们都知道大部分的客机长40米左右,根据"近者大,远者小乎"的自然准则,可以根据其型号推断出相应的距离信息。如果镜头可以变焦,根据同一物体的两次偏振图像,也有可能得到距离信息。当然,还有强大的AI,适当引入到相机模型中,这些距离信息就是你要寻找的"地缺"。

4. 一曲肝肠断,奏唱遍天涯

"地缺"找到了,"天残""地缺"二人组该上场了。于是,一曲肝肠断,奏唱遍天涯。我们来看一看"天残"与不同"地缺"的组合。

（1）偏振三维 + 激光雷达

激光雷达能够容易测得场景绝对距离信息,并且数据是离散、稀疏的。不过,我们只需要选择几个不同位置处的特征点,一般最少3个即可,分别测得3个特征点之间在x、y、z方向上的距离,这个对偏振三维来说足够确定场景坐标的量纲,实现立体相对信息到绝对信息的转化,完成我们的场景测距任务。大家注意到,这里最少只需要3个点,对这位"地缺"小伙伴的要求属实不高,在更小体积、更低成本等优势发展的路上可以看到希望!

▲ 激光雷达

（2）偏振三维＋双目视觉和双目视觉＋偏振三维

双目视觉技术通过两个相机同时同步对场景信息进行采集，计算左右两相机对一幅图像的对应点成像的像素差获取深度信息，能够直接获得场景的深度信息，不过受限于基线和环境影响，往往得到的场景信息以低频为主，但是这里面包含了绝对距离信息。目前，实际中这对"天残""地缺"分别做了对方的司机，开上了两条路：偏振三维用双目视觉来获得绝对距离信息；双目视觉用偏振信息来增强自己的高频细节。两种方法交相辉映、相得益彰！

（3）偏振三维＋摆扫式立体成像

这种组合搭配和双目的方式非常相似，有时候也会将这两种"地缺"当作一家人，从实现方法上来看顶多算是远方表亲吧。不过这两对组合的作用方式倒也十分相似，双目缺少高频信息，而摆扫这种方式往往会出现空洞。虽然应用方式相同，甚至这里也开了两辆车，但是实际过程中可比开卡车和小汽车的差别要更大。摆扫更倾向于离散、稀疏的点云结果，所以呀，对于解决"天残"问题只有在"救命"的时候，我们才会请这位"地缺"出场。

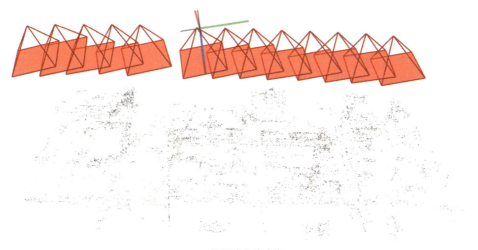

▲ 摆扫式立体成像

（4）偏振三维＋相机标定

相机标定能够直接将世界坐标系、相机坐标系和像素坐标系紧密相连，只要相机系统标定好了，内参、外参不再改变，只要输入一个"你好"，必然精准反馈"亲，有什么可以帮您？"而且基本没有延迟。我们就能够任意选择特征点，得到它们之间的距离信息，完成坐标系量纲的转化。

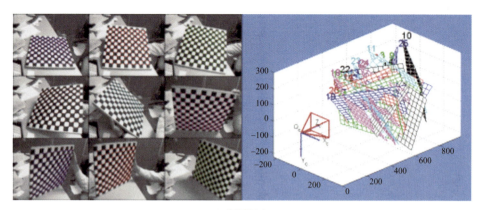

▲ 相机标定

（5）偏振三维 + "非主流" 门派

不论是"近大远小"的先验信息也好，散焦 / 对焦的几何光学测定也罢，亦或是简单粗暴的深度学习估计，跟前面介绍的"地残"兄弟们或多或少方法或者思路一致，都是要利用求得的绝对距离信息来弥补偏振三维天生的"残疾"。小孔成像模型、焦距与光学系统的映射关系、神秘的"黑盒子"都是千千万万种距离估计的机理和方法，没有一种方法是完美的，谁是谁的"天残"，谁又是谁的"地缺"……

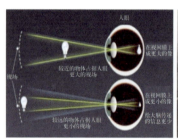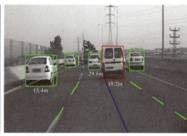

▲ "近大远小"、散焦 / 对焦的几何光学测定和深度学习估计

5. 广阔的应用前景

偏振三维成像技术的发展将为各个领域带来更高精度、更全面的三维数据，有望成为未来科技发展中的重要驱动力。该技术通过捕捉物体反射或发射的偏振光来获取高分辨率的三维图像，具有优异的空间分辨率和形状识别能力。与传统的三维技术相比，它具备更高的准确性、适应性和实时性，在

多个应用场景中展现出巨大的潜力和优势。

在**卫星领域**，它可以帮助我们更加精准地观测地球表面，测绘地形地貌、探测地质结构、监测自然灾害，并为环境保护和资源管理提供重要数据。与传统的卫星遥感技术相比，偏振三维成像能够提供更详细、更准确的地表特征信息，为地质勘探、农业检测、城市规划等科学研究和决策制定提供重要的遥感数据支持。

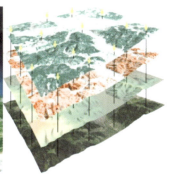

▲ 卫星遥感及测绘

在**航空领域**，这项技术有望成为航空安全和导航的强有力工具，可用于飞行器导航、障碍物检测和 3D 地图创建。通过应用偏振三维成像技术，飞行器可以更加准确地感知周围环境，提高飞行安全性，并帮助创建更精确的三维地图。相较于传统的影像技术，通过安装在飞机上的偏振传感器，可以实时获取周围环境的高分辨率三维图像，捕捉更多细节，为飞行员提供更全面的飞行信息。

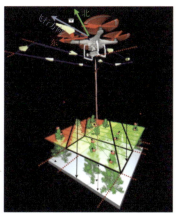

▲ 航空领域的偏振三维技术

在**汽车领域**，需要高度可靠的环境感知系统，以确保自动驾驶汽车的安全性。偏振三维成像技术相对于其他技术来说，在感知环境、识别障碍物、检测交通标志和提供精准导航方面更具优势。它的稳定性、实时性和高准确性使得汽车系统能更可靠地获取周围环境的三维信息，从而提高自动驾驶汽车的安全水平。

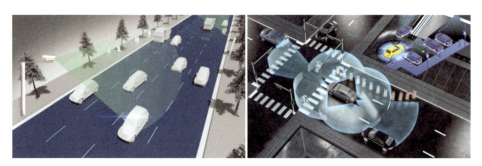

▲ 自动驾驶汽车应用偏振三维技术

目前自动驾驶汽车中常用的传感器之一——激光雷达技术，近期在一些短视频平台上被报道了骇人的"鬼影"现象。这种情况是由于激光雷达对高反射率物体反射回来的高强度回波非常敏感。而偏振三维成像技术通过使用偏振光进行成像，这项技术可以更准确地区分不同表面特性，如金属、玻璃、塑料等，能够更好地克服这类问题，在应对不同光照条件和表面材质时会更为稳定，不易受到干扰，其将是自动驾驶汽车发展的重要推动力量。

▲ 激光雷达技术

在**手机等移动设备领域**，偏振三维成像技术有望为增强现实（AR）、人脸识别和室内导航等应用提供支持。它可以帮助手机捕捉更精确的环境三维信息，为增强现实体验带来更真实的感觉。通过应用偏振三维成像，设备可以进行实时活体检测，更准确地识别用户面部特征，从而保障手机支付和数据安全，有效防止生物识别技术被欺骗的风险。

▲ VR 元宇宙

此外，偏振三维成像技术在**数据库权限管理**方面也发挥着重要作用。设备可以利用该技术获取更精确的环境信息，有效区分真实用户和未授权人员，从而提高数据库系统的安全性。这对于保护隐私数据和防范未经授权的访问至关重要。

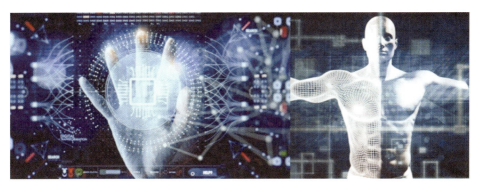

▲ 人工智能网络

传统的一些解决方法包括结合 Kinect、光度立体视觉、阴影恢复法、数据优化拟合等，在一些特定的目标和场景下能够得到不错的结果。在此基础上，我们针对遥感、室内 / 外等真实应用场景和目标，研究开发了无标定的多相机拟合、结合深度学习技术、自适应校正等方法，实现对更复杂的实际场景进行高精度重建。目前，已经在对地遥感、室内场景、人脸目标等场景下取得了较好的重建结果。

下面的图片是我们在实验室实际拍摄的结果，左边为彩色图像，右边为深度图像。你看到了什么？

▲ 实验室实际拍摄结果

　　偏振三维成像还给我们带来了启示：在高维度的空间中，偏振、相位、光谱等高维度物理量可以向下映射到深度、分辨率、作用距离等信息量中，这些映射关系需要我们进一步去发掘，这就是计算成像的范式设计。

计算成像中的计量问题

一个古老的学科

计量无疑是人类文明出现伊始、与人类生活密不可分的一个学科。早在6000年前，生活在两河流域的苏美尔人就使用"肘尺"作为长度测量仪器，还建立了测量谷物、酒、油容量的专门量具。中国作为四大文明古国，古称**度量衡**的计量仪器自然也有着自己的发展历史。

▲ 苏美尔腕（肘）尺

我们先来看一下"科学"一词中"科"字的解释，在《说文解字》中其被解释为"从禾从斗，斗者量也"，很显然与计量密切相关。

其实，度量衡分别代表的是长度、容量和重量。战国时期，各国之间的度量衡不仅没有统一，而且单位和进位也不同。以量来说，秦国以升、斗、斛为单位，齐国以釜、钟为单位，魏国又以半斗、斗、钟为单位。据《汉书·律历志上》记载，秦国的度量衡制度如下。度制：1 引 =10 丈 =100 尺 =1000 寸 =10000 分；量制：1 斛 =10 斗 =100 升 =1000 合 =2000 龠；衡制：1 石 =4 钧 =120 斤，1 斤 =16 两，1 两 =24 铢。秦始皇统一度量衡制度后，由官府颁发标准量器，是为秦量。

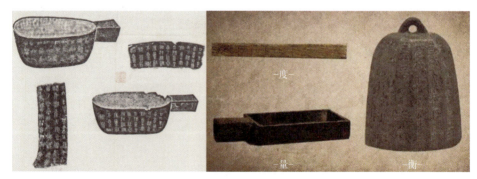

▲ 秦量

不难想象，如果没有度量衡，社会失去了公平的基准，即使做个小买卖都变得困难，于是生活秩序就会大乱。

一个真实的故事

"你的调制传递函数 (MTF) 差成这个样子，竟然还说高分辨率成像！你压根就成的是模糊图像，怎么可能分辨清楚？"专家一脸不屑地质问道。

"是这样的，我们采用的是计算成像方法，依靠的是信息传递，重建后的图像分辨率确实是提升了……"小路解释道。

"笑话！一个传函（光学传递函数简称）如此差的光学系统，你怎么也不可能得到这样的分辨率。你怎么解释呢？"专家继续问。

"我是这么想的，计算光学成像单纯依靠传统光学传函来衡量不够全面，还需要引入信息传递的方法……"小路谦卑地解释。

"信息传递？你怎么度量？能不能用传统的光学计量方法做个横向、直观的比对？如果做不到，我怎么信你？"专家逻辑缜密地补充道。

小路瞪了半天眼睛，挠挠头，也没办法回答专家的问题。

的确，计算光学成像作为下一代光电成像技术，从牛刀小试到高速发展和广泛应用，我们已经不满足于其定性地解决问题，而开始转向寻求精细化的、定量的计量方法，于是，计算成像的计量问题便浮出水面。

1. 计量学及发展

先普及一下与计量相关的基本知识。

古称度量衡的计量，维基百科中的定义：Metrology is the scientific study of measurement，即它是一门量度的科学。

百度百科等关于计量学的描述：包括所有理论和实际的量度方法，是指实现单位统一、量值准确可靠的活动。在计量过程中，使用被认为是标准的量具和仪器，以此校准、检定受检量具和仪器设备，以衡量和保证使用受检量具仪器进行测量时所获得测量结果的可靠性。计量涉及计量单位的定义和转换；量值的传递和保证量值统一所必须采取的措施、规程和法制等。

在这里，以更简单的方式归纳一下计量，它其实就是**制定标准、设计测量方法，实现某不确定度的量值传递，以保证测量精度**。

以长度单位米为例，在计量学上，它的最早定义来自 18 世纪 90 年代的法国科学院，以北极到赤道并经过巴黎的这段经线长度为准，确立其千万分之一的长度为标准长度 1 米。天文学家经过 6 年的努力，最后得到 1 米的精确长度，然后，法国科学院用铂金打造了一根非常精确的 1 米长的金棒，称之为"米原器"。这其实就是在制定标准。不过，后来科学家发现"1 米的长度"搞错了，最后发展到用光速精确定义米，即在 1983 年，1 米被定义为光在真空中行进 1/299792458 秒的距离。

▲ 国际计量局保存的国际米原器

随着量子科学的发展，量子计量逐渐登上舞台，2018 年 11 月，第 26 届国际计量大会通过了关于修订国际单位制的决议。国际单位制 7 个基本单位中的 4 个，即千克、安培、开尔文和摩尔将分别改由普朗克常数、基本电荷常数、玻尔兹曼常数和阿伏伽德罗常数来定义；另外 3 个基本单位米、秒、坎德拉在定义的表述上也做了相应调整。

计量的本质是做一把标准的"尺子"，用这把"尺子"校准仪器，避免"失之毫厘，谬以千里"的问题出现。这把"尺子"的作用主要有：

① 确保准确度。计量校准可以验证仪器的准确度，确保各行各业的测量结果可靠，避免因仪器误差而引发生产事故或质量问题。

② 保证合法合规。各行各业的标准都有法律法规要求，计量校准可以确保仪器的合法性。

③ 提高产品质量。计量校准可确保产品质量的稳定性和一致性，提高品控。

我们的生活离不开计量。小到喝水的杯子、小学生用的尺子、菜贩用的秤、老师用的激光笔，大到科学实验用的科学仪器仪表，都会用到计量技术。

2. 不同寻常

在光学成像领域中，计量会有光谱、MTF、光学分辨率、探测器的光谱响应度等诸多物理量的测量，传统的测量计量方法已经很成熟，各种计量技术也得到了广泛应用。

但随着计算成像的出现，这个格局已经被打破，因为它是一种全新体制的光学成像技术，不仅有传统的光学存在，而且引入了信息和算法，这就给计量带来了巨大的挑战。

首先，我们从计算成像的内涵入手分析。**计算成像作为下一代光电成像技术，是信息时代发展的必然；以信息传递作为准则，其核心是光场信息的多维度获取和解译，注重全链路一体化设计，通过全局优化算法提升信息获取能力。**

显然，传统的光学计量是建立在工业化基础上的，其典型特点是充分发挥工业化精度至上的原则，通过控制公差保证各部件达到一定精度，可以说公差成了工业化制造的灵魂。可是，随着更高精度的加工要求，工业化生产的精度在公差累积上会出现满足不了精度的要求，那该怎么办？

▲ 游标卡尺测量尺寸

对，答案是全局优化设计，也就是公差最终不是按照常见的部件公差累加方式得到，而是采取了一种"公差共存"的策略。这其实也是工业4.0时代的一个研究课题。

回到计算成像，其存在与传统光学成像明显不同的特点：

① 信息传递准则，而不是公差传递。

② 全链路的一体化设计和全局优化问题。

③ 成像结果由算法获得。

于是，计算成像计量的难点问题就出现了：

① 信息该如何计量？

② 成像系统由光学系统、探测器和信号处理系统等组成，除了需要各自

计量之外，还需要考虑全局的计量方法。

③ 算法，这个在传统计量中担任计量量值计算方法的角色，现在该升级为标准的问题了。

还有没有其他问题呢？有。那就是既然"公差共存"将成为常态，全局优化与部件的"公差"标准和算法带来的不确定性该如何度量；还有一个重要的问题是光场的升维探测带来的信息量该如何衡量的问题。

下面，我们就来逐一分析这些问题。

3. 熵之"殇"——信息如何测度

信息该怎么度量？大家异口同声回答的结果一定是信息熵。信息熵是信息理论中度量信息不确定性的概念，可以用来度量某个事件或数据集中的信息量。熵的定义是一种概率事件形式，是按照事件发生的概率来描述其不确定性。比如说国足与"亚洲强队"老挝对决，胜率是多少，这是个概率问题，不确定性只能用概率来描述。

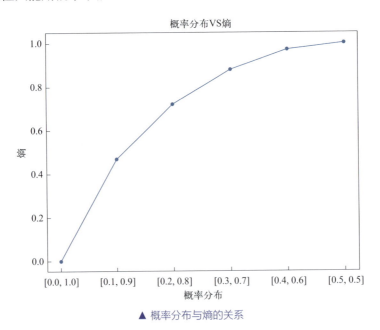

▲ 概率分布与熵的关系

我们现在讨论的是光学成像的问题。传统光学成像也是获取信息的方式，那么，它的信息度量依靠的是什么呢？

回答这个问题看起来似乎很难，其实细想很容易，答案就是 MTF。这位我们常见的老朋友其实是以一个隐藏的身份体现在信息传递这个环节的。那该如何解释呢？很简单，就是线性传递模型。**当对光学系统进行 MTF 测量时，线性和空间不变性是必需的两个保证条件**。也就是说，MTF 非常朴素地告诉我们，这个成像系统的截止频率是多少、分辨率和对比度能达到什么水平。当然，我们还需要知道，MTF 不仅仅适用于光学镜头，而且适用于探测器，甚至适用于大气和水等介质。如果一系列的黑白交替条纹以一个特定的空间频率画出来，那么当观察这些条纹的时候，图像质量可能发生退化。白色的条纹看起来变暗了，而黑色的条纹看起来变亮了，两者间的对比度下降 (MTF 值下降)；另一方面，原本完美的条纹边缘也会产生一定程度的模糊，模糊程度过大时高分辨细节信息就被丢失了 (MTF 曲线左移)。那么综合来看，MTF 曲线可以衡量整个成像系统将物体原本对比度在各空间分辨率下传递到成像图像对比度的综合能力，也是现在系统整体成像性能的最佳量化工具之一。理论上，MTF 曲线的面积越大，意味着像点中包含的信息越多，成像质量也就越好。

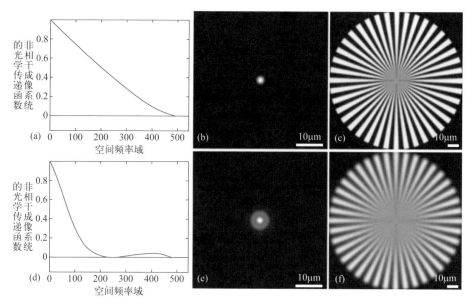

▲ 非相干成像系统的光学传递函数

从 MTF 曲线中能读懂很多内容，这些恰恰都是在表达着"信息是如何传递的"，只是这些**信息是确定性地传递，因此，不需要信息熵来描述**。这些内容在第 1 季《信息是如何在光场中传递的》这篇文章中也有过类似论述。

那么，在计算成像中，是否需要 MTF？是否需要熵呢？

这个问题需要认真分析才能回答。

首先，无论什么样的光学成像系统，一旦工作状态确定下来，它的信息传递一定是确定的，不存在不确定性问题。那是不是意味着不需要熵呢？也不是，因为与通信相类似，尽管系统的状态是确定的，但是，通信的传输和编解码过程都会引入干扰和噪声，照样存在概率的问题，于是，熵是躲不过去的；而且，有算法的介入，熵无疑是最好的选择。

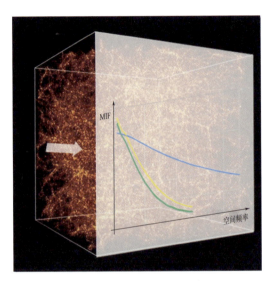

▲ MTF 作为信息的线性传递表示

MTF 呢？同样也需要，而且不仅需要，还需要与熵架起桥梁，建立起传统成像与计算成像等价性能比较的关系。为什么这么说呢？**MTF 可以认为是熵的一种线性表现形式**，也就是说，给出 MTF 曲线，就能换算成熵的表现形式。但是有一点必须要明确，那就是**熵不一定是线性形式**，而且，在计算成像中，它更多时候表现的是非线性。这时候，我们就要考虑如何将熵的非线性形式转换为能够同类对比的 MTF 形式，才能与传统成像做性能比较。有了这样的转换，才能搭建起传统光学成像与计算成像的桥梁，可以在同一维度上进行比较，优劣便知。很显然，熵的表示会优于 MTF。

读到这里，你会不会觉得还少了点啥？没错，那就是光场。传统的成像测量其实是光场的强度这单一维度上的测量，没有专门考虑相位、偏振、光谱等多维光场的测量问题。试想一下：一个"管道"里有水、油、泥沙、矿物质等同时通过，之前你只关心油多少，现在需要同时考虑所有物质时，度量方法自然不同。于是，对强调多维度光场获取的计算成像来说，如何最大信息量地获取所需光场信息至关重要，随之带来的计量问题也是需要解决的重要问题。

4. 计算成像计量的重点问题

计量有几个基本要素：计量标准、计量方法、量值传递与溯源和测量不确定度，对计算成像来讲，最重要的是计量标准、计量方法和测量不确定度的问题，因为量值传递和溯源与传统成像基本一致，此处不多论述。在这里，我们还需要明确到底是测光学部件还是测整个成像系统，这实际上会牵扯到全链路一体化的问题。

首先我们来看计算成像的计量标准，那就是标准高维度光场的制定，这当然会涉及强度、相位、偏振、光谱等众多物理量的协同设计和标定问题。这其实是一个非常复杂的问题，不仅涉及光源的稳定性问题，而且宽光谱、多偏振态和相位的调制都不简单，稳定性更是难题，而传统的光源往往多是只关注强度这一个问题。当然，并不是所有计算成像都需要全部光场要素，但升维在计算成像中很常见，两三个维度同时出现的场合成为常态。这个难度相当大，熟悉计量中常见的低温辐射计者必然明白这个道理，那可只是一个光辐射功率测量的仪器；何况，这里还有一个很严重的问题，那就是光场多个物理量如何同时测量的问题，尤其是相位和偏振等物理量又是以强度的形式反演出来，无疑增加了研究难度。可以说，单纯这个问题，就非常值得研究，而且这样的标准设备也是研究计算成像定量化必不可少的仪器。

同时，在计算成像中会涉及具体的部件，如编码板、光学镜头、探测器等，每一个部件都会涉及计量标准和计量方法的问题，尤其是涉及信息传递的问题，都需要专门的测量方法，这些都是计算成像计量研究的重点。

然后来看计量方法问题。不同物理量的计量方法不一，需要逐一探索。单纯拿高维度光场来说，这里测量的偏振和光谱的方法就完全不同，偏振需要 $0°$、$45°$、$90°$ 和 $135°$ 四个不同线偏振片测出不同偏振方向的强度值后，代入偏振度和偏振角公式中，就可以计算出偏振量，如果涉及圆偏振，还得采取圆偏振的测量方法才行；而光谱则需要采用色散、滤光片等手段，分别测量不同光谱波段对应的强度值，给出光谱曲线。在不同的成像体制中，涉及的物理量不同，侧重点也不同，测量方法也会多样化，需要因地制宜，这些都需要考虑。

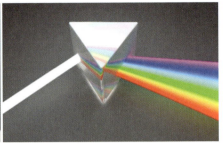

▲ 偏振器件和三棱镜

接下来看看不确定度问题，其本质就是误差，只是换个领域、换个说法而已。影响不确定度的因素有很多，计量标准、计量方法、计量装置等都是误差产生的原因，这些与常规的光学成像计量都一样。不同的是，计算成像经常会引入编解码过程，解译算法承担着重要的作用，而这个过程产生的误差会因算法而不同，因此，统一、高效、认可度高的解译算法也会成为研究的重点。

这里特别需要注意的是一个叫"Artifact"的家伙，它是图像重建算法经常会引入的计算误差积累，导致的结果是重建图像的"无中生有"，将原本不属于图像的东西带进来了。严格地讲，这在成像中是不允许的，因为它不属于客观存在的东西，是虚假的，必须剔除。

▲ 无伪影图　　　　　　　　　　　　　　▲ 存在振铃效应的伪影图

最后，还要考虑整个成像系统的全局一体化优化设计的计量。全局一体化优化设计作为计算成像的重要特征，是信息传递的优势所在，体现的是整个成像系统获取多物理量信息的能力，必须作为重点内容研究。在传统成像中，可以用 MTF 的乘积表示整个系统的传函，在计算成像中，则需要用信息熵来表示。因此，**建立起以"熵"为中心的信息计量体系，对计算成像来说至关重要**。它不仅能告知我们成像系统获取和解译信息的能力，而且能告诉我们成像系统有哪些超乎传统成像之外的信息，而这些信息恰恰就是计算成像的核心能力。这一点，可以通过多维物理光场与"更高、更远、更广、更小、更强"的五个"更"的雷达图一窥端倪。

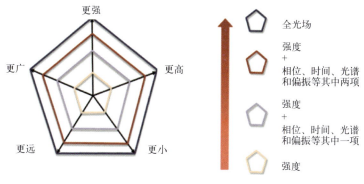

▲ "更高、更远、更广、更小、更强"雷达图

其实这里还蕴含另外一层意思，那就是这些超出传统成像外的信息转换成五个"更"能力的测度问题，这里又牵扯出另一个问题——等价交换。

等价交换的本质是遵循热力学第一定律，即能量守恒，是宇宙运行的基本准则。对于计算成像而言，自然也是如此：你想获得一些东西，就一定要付出代价。计算成像朝着"更高、更远、更广、更小、更强"的方向发展，其核心是多维度光场的获取和解译，引擎是升维，那么，我们就要考虑"几斤'相位'换几尺'分辨率'"这样的问题，这其实就是等价交换。

等价交换的准则其实是在提醒计量时必须斤斤计较，不得有毫厘之差，那些来之不易的"熵减"如何有效转换成成像的能力，这些都需要我们在定量测量后才能给出完美的答案，指引计算成像从定性走向定量、朝着精细化的方向健康发展。

5. ▌举例：偏振多光谱计算成像的计量初探

以偏振多光谱计算成像为例，这里涉及的物理量有强度、偏振（偏振度和偏振角）和光谱，因此，需要构建一个强度、偏振和光谱的标准光场作为计量标准。一般的做法，可以采用宽光谱光源作为基本光场输入，经过积分球保证光强的均匀性和稳定性，再经过偏振调制后，作为标准光源投射到立体标准色卡上，用偏振多光谱相机拍摄标准色卡。当然，对单一频点光谱的测试，可以将光源换成窄线宽的激光器，如532nm的绿光光源等，可以提高光谱的测量精度。这仅仅是一个很简化的简单描述，与高精度光场标准源的制作相差很远，尤其是测试目标靶这块，可以将分辨率、偏振和光谱结合在一起，做成标准的偏振、光谱分辨率靶，这对偏振多光谱相机的计量太重要了，需要我们好好去挖掘。

接下来，再看一个关键部件的计量问题吧。

偏振多光谱相机主要关注的是偏振和多光谱信息的获取和解译问题，对相机而言，我们尤其关心偏振光谱的编码板设计问题，它将直接影响信息的获取和解译。针对这个问题，我们可以分别对偏振滤片做偏振的计量测试和对多光谱的滤片做光谱的计量测试，分别记录偏振片的消光比、多光谱滤片的光谱响应度和宽度等参数，同时与偏振相机的光谱响应曲线和偏振参数做参考比对，因为这些与重建都有很大关系。我们还要考虑把这个编码板的效能写成"熵"的形式，更有助于编码性能度量。

然后，再看看整个系统的测试。

对于整个相机的成像性能测试，需要根据偏振和光谱的解译算法，与标准靶进行比对，给出测量不确定度。

然而，你从这句话里能得到什么呢？好，我们换一种思路来思考这个问题，把"熵"引入进来。知道了输入信息和输出信息，信息熵就很容易算出来，而这个熵其实也就是测量不确定度的另外一种表现形式。前面讲过，编码板有熵，这个系统也有熵，从这个熵增的过程，其实可以衡量出算法的信息解译能量，这恰恰就是算法的计量。很显然，同一系统，不同的算法，信息解译能力是不一样的。恰恰是有了这算法的计量，我们还可以将其推广至目标检测跟踪等领域，可以定量计量这些算法。

在此之前，我们实验室做了一款偏振多光谱相机，只是在很简单的环境下做了关于色彩的测试，偏振也仅仅考虑了三维重建，尽管可以给出一些看起来还很厉害的结果，但没有量化数据，自然说服力就差了很多。当然，这与没有计算成像的计量标准有关。

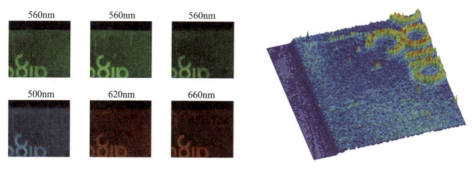

▲ 偏振多光谱相机成像结果

6. 思考

　　我们讲的计量方法都是建立在稳态测量的基础上的，优点是标准源稳定、测试环境稳定、测试方法可靠等，缺点是对测量条件要求很高，无论是标准源还是测试环境，都要付出很高的代价，因此很多计量手段都集中在实力强大的国家级一、二级计量站的实验室，走出实验室都很难。

　　那么，我们还要问一句："从来如此，那便对吗？"难道没有非稳态的计量方法吗？答案是至少现在没有。但是，仔细考虑一下，如果能设计出一种非稳态的方法，比如一种按照特定数学变换的多次测量后，在数学上依然能解出一个高精度的测量值，这样的方法无疑更具挑战性，也更具有魅力，将颠覆现有的计量方法，适应性更强。

　　计算成像的计量涉及光场的复杂变化，也许有一天，我们在探索光场测量计量的过程中，会发现非稳态计量的端倪。

　　总之，计算光学成像的计量的"艺术成分"很高，至少有三、四层楼那么高！

元视觉与计算光学成像

成像

我们看到的一切都是一个视角，不是真相。

——马克·奥勒留《沉思录》

眼见是否为实？

我们来看一个例子：立体画画家张世先用炭粉在马路上画了一组又一组立体画，鸭子不敢过，狗绕着走，人吓得不敢过，汽车刹车停下……而这一幕幕的"罪魁祸首"却是视力的错觉。

再看一个例子：一把盛满热水的热水壶，你不小心摸了一下，立马让你撒手，因为人眼看不到热红外，物体的冷热很难从视觉上分辨。

▲ 热水壶的热成像

丛林之中，我们抬眼看到的是白云朵朵、蓝蓝的天，低端生物小蜜蜂却能够看到光的偏振态，顺顺利利把家还，而你却不知东南西北，空有一肚子知识，离开了装备只能迷路。

我们再换个角度来看一个问题：同一个物体分别用可见光黑白相机、彩色相机、红外相机、多光谱相机、偏振相机拍摄，得到的图像各不相同。为什么？这其实涉及成像的本质问题，那就是光场信息的获取和解译；光场是高维度的，成像仅仅是光场在不同维度的映射，我们看到的都是投影。

接着，再深层次考虑一个问题：同一幅城市马路上拍摄的交通图像，交管领导关心的是全局路况，警察关心的是自己分工的路段，违章的人关心的是自己怎么就被拍到了……

▲ 城市道路交通

　　很显然，成像的原始数据应该是高维度光场的低维度映射，作为源（source）数据，可以根据不同的需求加工成不同的产品提供给不同的人，各取所需。

　　那么，这些不同的成像、投影和"显示"之间有什么样的关系，又有什么样的联系？下面，我们就详细讲一下元视觉与计算光学成像的关系。

1. 元宇宙与元视觉

　　中文的"元"字，有开始、基本、根源、根本之意，《易经》的第一卦乾卦的第一句系词"元亨利贞"之元，亦为此意；在英文中叫 Meta，最早来源于拉丁语。在科技界，带上"元"/Meta 前缀的词马上就变得高大上起来，就连 Facebook 都把公司名字改成 Meta 了。

　　这几年，铺天盖地流行起来的"元宇宙（Metaverse）"确实让人迷惑，让人搞不清楚它到底是个什么玩意儿，到底是什么"黑科技"。

　　那么，什么是元宇宙呢？

在百度百科中，元宇宙的描述如下："元宇宙"本身并不是新技术，而是集成了一大批现有技术，包括5G、云计算、人工智能、虚拟现实、区块链、数字货币、物联网、人机交互等。于是，就有人说，元宇宙其实是个大杂烩、杂货铺，没什么新玩意儿。这种说法其实并不科学，我们先看看"元宇宙"这个词的历史。

"元宇宙"一词诞生于1992年的科幻小说《雪崩》。小说中提到"Metaverse（元宇宙）"和"Avatar（本意：化身，音译：阿凡达）"两个概念。人们在"Metaverse"里可以拥有自己的虚拟替身，这个虚拟的世界就叫作"元宇宙"。小说描绘了一个庞大的虚拟现实世界，在这里，人们用数字化身来交往，并相互竞争以提高自己的地位。如今看来，小说描述的未来世界还是蛮超前的。

▲ 科幻小说《雪崩》

其实，我们可以理解元宇宙就是利用光、电、磁、声等技术实现人沉浸于现实与虚拟之间，让人的视觉、听觉、嗅觉、味觉、触觉和意识深度融入其中的复杂技术。

我们关心的是元视觉，赶个时髦，给它起个英文名：Metavision。所谓**元视觉，其实是物体经过成像后的高维度光场分布**。因为人只能看到光场中的光强信息分布情况，加上红绿蓝三色感光细胞，看到的也仅仅是三个光谱在大脑中合成的彩色图像而已。很显然，元视觉也可以称为**超视觉**，因为它超出人类视觉之外，但可以用光场探测的方式获得"全"光场的信息，这就是那个**近似的原始光场数据**。

元视觉无疑是人类拓展"看清"世界的本源，因为它的本质是成像后的高维度光场信息，也是经过成像系统退化后的光场，只是这个光场是一个

"全"维度的。有人问：为什么是经过成像系统后的光场？这是因为所谓的视觉就是感知到的场景图像，比如人类视觉就是人眼看到的场景。目前，所有的成像系统都无法获取元视觉数据，因为现有的成像系统感知维度不够，能把光场全要素（时间、空间、强度、光谱、偏振、相位等）同时记录下来的设备目前还不存在。

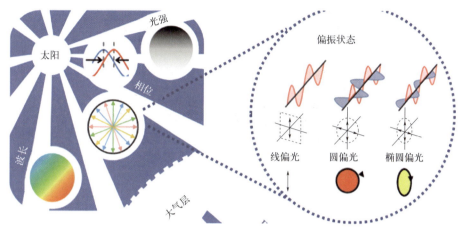

▲ 光场要素及光的偏振态

既然如此，我们为何还要研究元视觉呢？这是因为我们看到的都是视角，不是全部。元视觉是"全"光场的记录数据，它的出现对于解决高维度光场的传输和映射问题意义重大，而且，我们可以通过成像的退化模型，还原、逼近真实的客观场景的光场分布情况。这不仅有助于优化计算成像范式设计和计算探测器的模型设计，而且能从光场的分布中精准辨析目标和背景的光学特性，这对于成像后的数据如何针对不同人群需要加工成不同的"视图"研究非常有帮助。任何一种成像方式都可以看作元视觉的一种投影模式，而视图也是元视觉的投影方式。

2. 元视角——元视觉的投影

马克·奥勒留说：我们看到的一切都是视角。

那么，元视觉中的视角是什么？答案是元视觉的某一种投影。因为元视觉是成像后的"全"光场分布，它在任意维度的投影就是**元视角**，这个视角**恰恰也就是一种计算成像方式，投影便是计算成像的范式**。

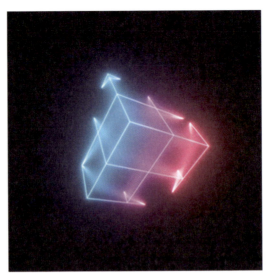

▲ 抽象霓虹图像

于是，问题似乎变得简单了，因为之前我们已经讲过范式设计的问题。但讲过并不意味着问题已解决，恰恰相反，这只是问题的开始。不信你看看，现在计算成像范式设计的种类有多少，掰着手指都能数得过来；而且，复杂一点的范式设计几乎没有，就连维度高一点的计算成像方法都不多。比如，偏振成像，是在传统强度成像的基础上加上了偏振这个维度，而且，很多做偏振成像处理时，经常只用到偏振度这一个物理量，把偏振角扔到旮旯里了。这种"阉割"版的偏振成像既会由于解算偏振而带来能量的损失，也因为特征信息与噪声等相互影响对实际信息感知带不来多大好处，性价比很低。再看看光谱成像，费了牛劲分光，牺牲时间/空间分辨率得到了一幅严重"肥胖症"的光谱图像，有用信息少，且非常非常不好用，就像"按偏了的指纹"。

然后，我们再举一个偏振光谱成像的例子，这个维度算是比较高的，既有强度，还有偏振和光谱，单从维度上看，几乎可以笑傲江湖了。但是，偏振成像和光谱成像的缺点，它该有的也都有，优点是有更高的维度光场数据。按理说，这种成像方法肯定能解决更复杂的问题，然而现实却是，偏振特性与光谱很少见到能融合用好的，大都是偏振干偏振的活儿，光谱干光谱的活儿，各自挣工分，各不相欠，大有"横看成岭侧成峰，远近高低各不同"之象，如果这样，要你何用？还有没有更高维度的呢？比如，把时间再加上。答案是很难，因为无论光谱、偏振还是时间，最终在成像中竞争的还是信噪比问题，我将在后续的文章中探讨这个问题。

▲ 分光棱镜

▲ 立方体光谱图像

为什么会出现这种情况？

本质的原因是我们只吃过"猪肉"，还真没有见过"猪跑"。因为我们确实还从来没有真正获得过完整的"全"光场数据，之所以称它为"元视觉"，就是因为它是最基础的本征数据，没有了"本源"，计算成像范式设计自然只能是"无源之水"了，元视角的偏差到底有多大，那就更难说了。

光场从来都是各个物理量混叠在一起的，我们努力地将它们分开，并在欧几里得空间中凿一口又一口深井，甚至装修得金碧辉煌，每个深井都是彼此的壁垒，生活着不同专业的人；各个专业的人在井下生活得怡然自得，连出去看一眼都懒得看。

难道真的要像外科手术细分病因或科室一样，把光场分门别类分别投影到不同空间，然后各自独立探测获得吗？当然不是。细想一下：外科手术真的能精准地把癌细胞和健康细胞分离出来吗？手术能不改变原有的状态吗？而且，我们还知道量子力学中有海森堡测不准原理。

那该如何？

3. 元编码——通往元视觉之路

无疑，编码是通往元视觉之路最好的选择。关于编码的问题，我在第1季《计算成像的编码，该怎么编》那一篇中有过详细的论述，它不简简单单是编码孔径之类的那种低维度的编码形式，更重要的是，它是一种高维度的混叠编码过程，形式可以是多样的，甚至是简单的，但是在物理量上却是混叠的，经过探测后，需要根据混叠模式解译出来，重构出高维度光场的信息。

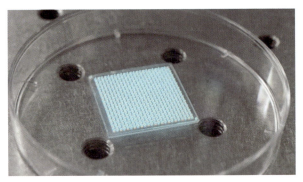

▲ 用于 3D 场景构建的新型光学传感器

自然，你会问：我到底该怎么去编码呢？如果把编码看成功夫的一招一式，而顶级的功夫却是"无招胜有招"，如独孤九剑一般，每一招看似平平淡淡，甚至有点傻里傻气的笨拙，却能一招化解危机，甚至一招致命。你说，这不是废话吗？既是也不是，因为每一个招式不仅蕴含着基础的积累，而且有着跳出"专业深井"圈子的眼界和更高维度的悟性思考。换句话来说，计算成像不是要将问题变复杂，而是要将问题变得更简单。但从简单到复杂，再从复杂到简单，前一个"简单"更多的是朴素，后一个"简单"则是升维之后的质朴。

回到编码上来，它的目的是将高维光场降维，然后以混叠的形式低维度探测。其实这个过程应该这样来描述：光场本身就是高维度的，如果采用复杂的光路形式，将各个物理分量分离出来单独探测，自然可以获得一个由各个不同维度构成的高维度光场，这个光场也就是那个元视觉。为了区别于其他编码，我们把这种编码形式称为"元编码"。

元编码的手段有很多，既可以在空间上编码，也可以在时间上编码，还可以在光学镜头和探测器上编码，甚至还可以做出更复杂的变换空间的编码。评价一种元编码的优劣与否，要看其能否更有利于将高维度光场低损耗地投影到平面探测器上，而且能高精度恢复高维度光场信息。在这里需要注意的是，编码好坏不是看编码复杂度与否，相反，越简单的编码越容易在工程中实现，可靠性越高。

我们先举个简单的例子：多光谱编码成像。编码的方法有很多，典型的有两类：压缩光谱编码和线性光谱编码。压缩光谱编码成像大家都很熟悉了，其原理是压缩感知，红极一时，依靠着随机编码的方法和压缩感知算法可以实现几十个光谱的成像方法，目前已产品化，而且随着人工智能的发展，光谱分辨率大有提高趋势。但压缩光谱成像也存在一些问题：

① 理论上讲，编码需随机，且宜每次变换；

② 算法复杂，结果的概率性问题难以解决；

③ 到底能恢复出多少个光谱没有理论依据。

那么线性光谱编码呢？此类编码很简单，就是需要几个谱段，用线性组合的方式置于光学系统即可，方法简单，理论清楚，能量损失多少，牺牲多少位深（Bits Depth，存储的深度）清晰可见。如果应用人工智能方法，也大可拓展光谱分辨率。当然，这两种方法的共同特点是必须要将编码置于光谱能够混叠的位置，如 4f 系统的焦面、镜头的光圈处等。

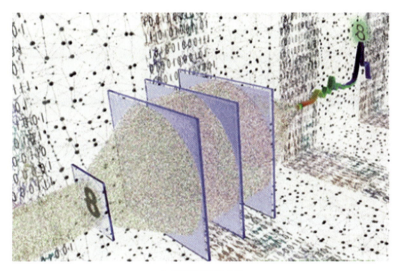

▲ 多光谱编码成像

再进一步地，我们考虑一下更复杂一点的偏振多光谱成像，有偏振（这里主要考虑线偏振）、有多光谱，编码模块中必须要有偏振的两个方向和多个光谱的元素，是不是更有挑战性呢？同样，我们还是采用线性编码的模式，换成偏振探测器模式，就可以将偏振多光谱由偏振维、光谱维和强度维多个维度映射投影到平面探测器，这个过程其实是借助空间维度将偏振维、光谱维和强度维压缩到混叠的强度维，做到了从三维降到一维；加上时间维度（由探测器帧频决定），就可以获得一幅二维混叠的数据流，实时记录高维度光场的存储，这是元视觉的很好拓展。

很显然，高效的降维编码模式是通往元视觉之路的保障。那么，有了元视觉数据，我们该怎么做呢？元视觉其实是"璞玉"——没有打磨过的"未琢之玉"，也就是原材料，就像请客吃饭一样，你总不能把一大堆从菜市场买回来的蔬菜、生肉、海鲜等丢给客人，说：你吃吧！以这些原材料为基础，以什么样的方式展现给客户，就需要像烹饪一样加工。

具体的，就是把元视觉作为本，根据用户需求加工数据，将元视觉转换为不同用户应用的元视图（Meta-View）。

4. 元视图——我们到底要看什么

我们先看词典里"View"的解释：the ability to see something or to be seen from a particular place（看到或在特定场景下捕捉到事物的能力）。其实，"视图"的概念最先来自于计算机领域，在数据库中，视图是一张虚拟表，其内容由查询定义；在图形化软件中，都有一个"视图"的菜单，可以选择不同模式的显示。在这里，视图的概念拓展就是面向不同的人，提供不同的数据产品。之所以采用视图这个词，就是要体现"千人千面"，同一成像结果以不同形式、有针对性地表达出来。

在元视觉中，**视图的本质是元视觉数据依需求的映射变换形式，以图像的形式在显示端展示给用户**，这种视图称之为**元视图**。元视觉是高维度数据，元视图是以图像形式的 2D/3D 数据（在三维成像中可以是 3D 数据），这个过程还是降维，只不过，这个降维与视角不同，是将元视觉的高维数据转换为不同用户所关心的信息。这恰恰又与之前《未来"图像"数据长什么样—计算光学成像带来的数据革命》一文中讲的图像处理方法密切相关，不同的是，我们还会将一些图像处理、目标检测跟踪算法加入进来，突出用户需求。

▲ 元视觉　　　　　　▲ 元视图　　　　　　▲ 高维数据

其实，视图并不是新鲜事儿。我们知道，统计数据可以用表格、直方图、饼状图、折线图、雷达图等不同形式表示，图像数据可以直接以强度显示，也可以使用伪彩色、高程图等方式显示，这些方法大家都很熟悉。

那么，元视图与元视角是什么关系呢？元视角是元视觉的映射投影降维表示形式，是计算成像的一种范式形式；而元视图是元视觉降维的数据表示形式。于是，我们就可以得出一个结论：元视图也可以是元视角数据的表示形式。

在这里，我们给出元视觉、元视角和元视图的关系：元视觉是源（Source），元视角是其子集，元视图是表示。

举例来说明。一个场景的元视觉是本征光场数据，元视角既可以是偏振成像，也可以是偏振多光谱成像。对于偏振应用来说，可以去雾、色彩还原、偏振目标识别和三维成像等，于是元视图就可以分别对应去雾后的图像、色彩还原后的图像、偏振目标识别后的图像和三维图像等。再来看偏振多光谱应用，相比偏振成像而言，又增加了一个光谱维，除了有偏振的元视图外，还可以有加上光谱维度的图像数据。

▲ 偏振去雾图像　　　　　　　　　　　　　　　▲ 偏振色彩还原

▲ 偏振目标检测　　　　　　　　　　　　　　　▲ 偏振三维成像

上面这些元视图主要是围绕着功能来做的投影，其实还可以进一步根据具体用户关心的事儿来细化视图。举一个广域高分辨率成像的例子吧，它的特点是视场大、分辨率高，动辄以数亿计的像素数让现有的显示设备望洋兴叹。在应用中，我们既需要看到大视场的全景图，还需要看到具备的细节。对于具体应用来讲，如道路监控，有人关心车流量，有人关心是否闯红灯，还有人关心交通事故，甚至有人关心哪一辆车和某个人的行踪……他们的需求都可以从一幅广域高分辨率的图像中选择性地突显、标记并推送给他们，这也是一种视图。这些视图恰恰是用户最关心的，而这些元视图皆来源于元视觉。

▲ 广域高分辨率相机成像

　　至此，元视觉、元视角、元编码和元视图的关系已经梳理完，它们与计算成像的关系也已然清楚。还有什么要说的吗？有，那就是元探测器。

5. 元探测器——元视觉的品质担当

　　什么是元探测器？它与计算探测器是什么关系？

　　元探测器为元视觉而生，是元编码后最终的投影关系在低维空间上的记录器件。在这里，这个低维度空间记录器的形式可以是常见的二维平面，也可以是不常见的球面，甚至可以是任意形状的曲面。从数学上看，投影信息记录越准确，元视觉光场数据恢复精度就越高；投影后的维度越多，元视觉解译出的光场维度就越高。虽然我们可以在理论上设计出各式各样面型的探测器，但制造工艺往往会限制探测器的设计，因为平面最简单，工艺最可靠，现在的探测器多为焦平面探测器。

　　从上面的定义来看，元探测器其实就是计算探测器——多维物理探测的阵列器件，只是在发展的不同阶段有不同的定义而已。在第 1 季《千呼万唤不出来的计算探测器》一文中，描述了计算探测器的形态、优势、发展态势和存在的诸多问题，等等，但没有考虑元编码，这必然会造成理解上的不深入、认识不到位等问题。假如换一种视角看，光电探测器的本质就是实现光-电转化的器件，而光本身涵盖光矢方向、振幅、光谱、偏振、相位等物理维度特征以及空间分布、时间起伏等统计维度特征。这些特征天然地缠绕在一起，其中对特定成像应用（如伪装识别、三维成像）最为关键的其实只有几个而已，元探测器在基本光-电转换探测功能的基础上，以元编码的方式，将这几个关键特征维度加以人为设计的"再交织"，将探测器读出的电信号与光场中这几个维度信息建立编码映射关系，从而实现多维感知。

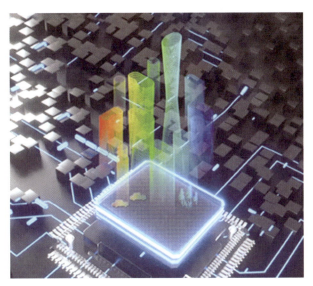

▲ 对未来探测器的想象

　　当然上面谈到的是元探测器的物理机理问题，作为实现元视觉的最后一公里，元探测器的性能是其元视觉成像品质的保障。它的研究课题既包含了传统探测器的材料、工艺、光谱响应率、暗电流、非均匀性等问题，更纳入了新的架构设计、量化采样方式、信号读出方式、多物理量映射存储记录等问题，我将在今后的文章中详细讨论。

成像光谱仪该长什么样

——下一代成像光谱仪

场景一　一个简单的问题

好好的一张报纸，用不同颜色的笔一层一层地覆盖着写上不同字体的字，涂鸦后看起来惨不忍睹的这张报纸，你是否还能分辨出原先报纸的内容？每一层覆盖写上去的字是否还可以分辨？

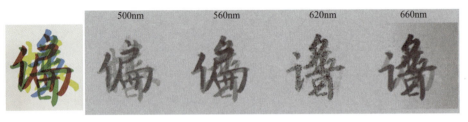

▲ 多色重叠字与光谱解混结果

场景二　一个真实的故事

沿海城市的一个研究所A找合作单位B花了上亿经费，做了一款从可见光到短波红外的高光谱成像载荷，用于地面目标检测识别，B夸下海口："任何你感兴趣的目标都难以逃离这个载荷的毒眼！"结果，这个载荷上天后，连一同发射的耗费少得多的普通相机都发现目标了，这个高光谱却成了"睁眼瞎"。后来，A后悔得要命。

场景三　一个简单的道理——"涸辙之鲋"

庄周家贫，故往贷粟于监河侯。监河侯曰："诺。我将得邑金，将贷子三百金，可乎？"庄周忿然作色，曰："周昨来，有中道而呼者，周顾视车辙，

▲ 涸辙之鲋

中有鲋鱼焉。周问之曰：'鲋鱼来，子何为者邪？'对曰：'我，东海之波臣也。君岂有斗升之水而活我哉？'周曰：'诺，我且南游吴、越之王，激西江之水而迎子，可乎？'鲋鱼忿然作色曰：'吾失吾常与，我无所处。吾得斗升之水然活耳。君乃言此，曾不如早索我于枯鱼之肆！'"。

如果想睡个好觉，买一个好的床就可以了，但卖家却要卖给你一个别墅。如果你觉得这是个笑话，这在现实里却经常发生。本来几个光谱就能搞定的事儿，卖家却偏要卖给你一个高光谱成像仪，价格贵得让你紧捂腰包；随之而来的是光谱成像推广难度大，数据少，发展缓慢。

随着 AI 时代的到来，AI 在图像识别中得到大范围应用，识别率大幅提升，甚至能把成像光谱自以为傲解决目标识别的那点光环扒得一干二净。是不是光谱不行了呢？说好的指纹怎么不好使了？成像光谱仪该怎么发展呢？下面将从光谱的指纹特征、光谱识别方法入手，讨论高光谱与多光谱的关系，探索下一代成像光谱仪的设计。

1. 为什么说光谱是物质的指纹

众所周知，指纹具有唯一性，很早就用来契约签订、刑事侦查和身份识别。在当今社会，指纹更是开锁、打卡等常用的人体特征，让我们告别了传统的机械钥匙和工作卡片，不再为忘记带这些附加的玩意儿而苦恼了。指纹唯一性的决定因素其实是基因，人的容貌、指纹、虹膜、声音甚至走路的姿势，都受基因控制。于是，常常就会出现这样一幕场景：远处看见一个熟识的人走来，尽管看不清他的容貌，甚至他戴着帽子和口罩，他走路的样子、习惯性地咳嗽了一声，再听到他打电话的声音，你大概就能判断出他是谁。结合《元视觉与计算光学成像》中的内容，那个元视觉其实就是基因，强度、光谱和偏振等特征分布就像人的指纹、虹膜、声音等一样，都可以用来做目标识别。

光谱为什么能成为物质的指纹呢？

这得从光谱学开始说起。光谱学（Spectroscopy）是利用物质发射、吸收或反射的光、声或粒子的现象，来研究物质或能量的方法，一般定义为研究不同波长的电磁波和物质之间相互作用的学科。光谱学是物理和分析化学中的常客，通过发射或吸收电磁波来鉴定物质。相互作用的图被称为光谱，全称为光学频谱。按照电磁辐射与物质相互作用的过程不同，光谱可分为吸收光谱、发射光谱与散射光谱。按发生作用的物质微粒不同可分为原子光谱、分子光谱、固体光谱等。按照波长范围（谱域）不同又可分为红外、紫外、可见光谱，X 射线谱等。

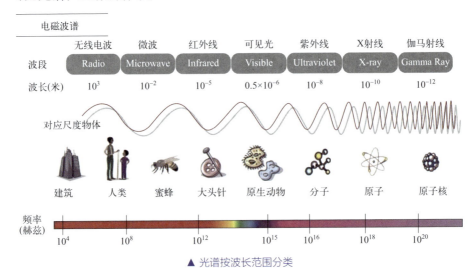

▲ 光谱按波长范围分类

光谱学的物理机理是**物质内部不同的分子、原子和离子对应着不同特征分布的能级，在特定频率的波谱下产生跃迁，由此引起不同波长的光谱发射和吸收，从而产生不同的光谱特征。这些能量变化对应着光的波长或频率的变化，从而形成了物质的光谱线或光谱带**。很显然，分子、原子和离子对应的能级是由低到高的，对于成像光谱仪而言，它获得的光谱其实对应的是分子特征能级，自然地，红外波段的特征更明显，而可见光波段的特征就差了很多，这也就是为何可见光波段的成像光谱仪不好使的重要原因，其实就是"指纹"不完整，甚至残缺不全，识别的难度当然大。

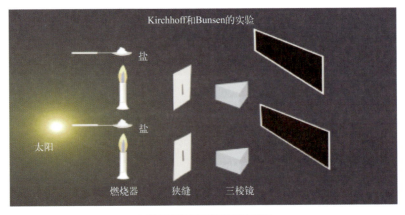

▲ 钠元素发射光谱与吸收光谱

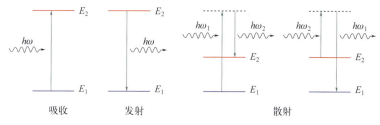

吸收   发射   散射

▲ 吸收光谱、发射光谱与散射光谱产生机理

于是，每种物质都有其独特的光谱特征，就像人的指纹一样。光源发出包含各个频率（不同波长）的光，这些光照射到物体上，由于物体表面物质的理化性质，导致一部分光被物体表面吸收，另一部分光被反射出去。

地物反射光谱是指地物的反射率随入射波长而变化的规律。这里主要讲的是成像光谱，地物反射光谱就是主要研究对象。

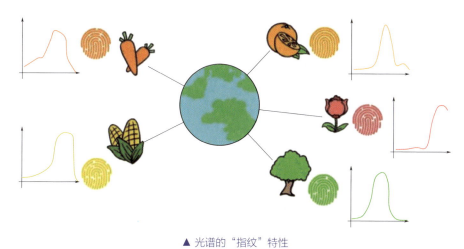

▲ 光谱的"指纹"特性

2. 光谱识别带来的思考

光谱是怎么识别的？答案当然是比对特征光谱——物质的"指纹"特征。特征光谱实际上是一条曲线，这条曲线需要在特定的环境下测量、标定，然后绘制入库，形成特征光谱数据库。显然，这条曲线的光谱分辨率越高，特征就越明显，越容易识别。它就像基因，每个片段越清楚，特征就越多，就越容易识别。

光谱分辨率高就需要将光谱谱段分得特别细，于是，高光谱成像就出现了动辄以纳米光谱分辨率的形式出现，结果就是系统极其复杂，造价昂贵，却难以使用，更不要谈普及。一般地，地物反射光谱数据库拥有上百谱段的标定光谱就够用了。

我们知道，光谱识别方法千千万，溯其本质却只是光谱曲线形状比对，其实就是看着长得像不像的问题。如果按照定标入库的特征光谱拍摄的话，大概率地，比对的两条光谱曲线差异很小，只用简单地对齐就可以轻而易举地判断出来，甚至连最小二乘法这样的简单算法都不用。可是，实际成像光谱仪获得的数据是这个样子的：拍摄条件有环境干扰，光谱谱段数目少，甚至光谱波段残缺，典型的就是为了节省成本，只用了可见光探测器，成像光谱最多延伸到1000nm的近红外区，而且探测器的这段光谱响应很低，造成光谱曲线退化，结果就是光谱稀疏，特征不明显，尤其是缺了更重要的红外光谱区。这就像是看有血缘关系的一个家族，他们拥有着一定数量的相同基因，但经过基因稀释和混合之后，单纯地从他们的形貌上来辨别他们是否属于同一家族是很困难的，甚至同胞兄弟二人都很难从形貌上来辨别。而讽刺的是，我们经常会看到明星撞脸现象，尤其是一些明星的替身甚至让我们难以辨识，而我们心里却很清楚，他们是没有血缘关系的。于是，比对基因，就可以分辨得一清二楚。

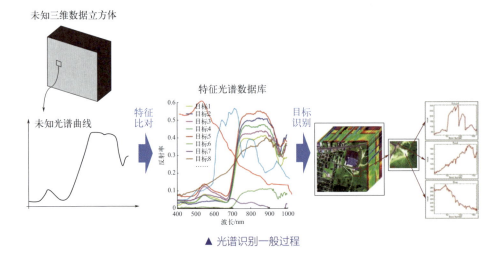

▲ 光谱识别一般过程

还是拿基因来分析这个问题，分析两个人是否属于同一家族，其实并不需要比对所有基因片段，而只需要知道这个家族的几个典型基因就可以了。前文说过，在计算成像中，基因就是"元视觉"，图像和光谱都是其投影，即元视角。

所幸，成像光谱获得的号称"图谱一体"的数据，既有图像，还有光谱，简直就是 perfect（完美）！于是，在成像光谱识别中，就会联合图像和光谱一起来识别，提高识别率。

可是，既然如此，那怎么会发生开头场景二的"一个真实的故事"呢？这还得从成像光谱仪的设计开始说起。

3. 成像光谱仪的代价

我们知道，成像光谱仪获得的数据是"图谱一体"的数据立方体，即三维数据。而我们的成像器件呢，还是二维的阵列，只能获取二维图像数据，那么，第三维的光谱该怎么获得呢？那必须得牺牲点什么了。

方法有两种：升维和降维。

升维的典型做法就是牺牲时间，通过推扫、切换谱段等方式获取光谱信息，这是高光谱成像典型的做法，优点是获得了比较高的空间分辨率，缺点是变成了"行动迟缓"的老人，时间响应差。这种成像光谱方法多用于遥感等时间不是特别敏感的场合，而且是经费充足的那种。

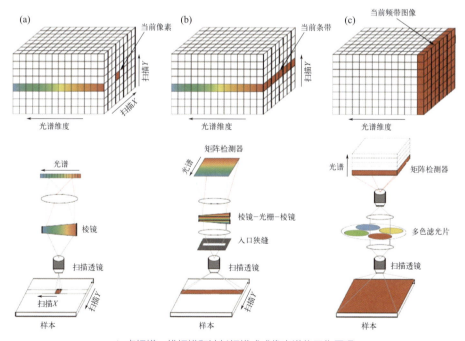

▲ 点扫描、线扫描和波长扫描式成像光谱仪工作原理

降维的典型做法是牺牲空间分辨率和光谱分辨率，也就是让一个耳聪目明的帅小伙变成了"既瞎又聋"的老者，典型的做法就是在探测器上镀膜，做出多光谱成像芯片。当然，镀膜的方法有很多，也有镀膜后推扫牺牲时间的那种，这里不做详细介绍。

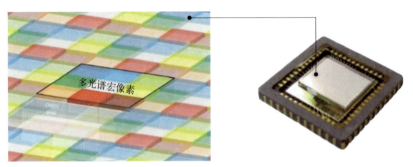

▲ 镀膜式光谱成像探测器

还有没有其他的方法呢？当然有！十多年前流行一时的压缩感知让压缩光谱成像登上舞台，这几年的深度学习又神助攻了一把，使其性能似乎卓越了不少。但其物理上的解释着实让很多人不放心，火倒是火，但更多的是在论文区战场，在应用战场上并不卖座。

那么，既符合物理解释又能"干活"的成像光谱仪有没有呢？答案是：有！其实，之前我多篇文章已有论述，那就是牺牲存储位深的成像光谱仪，它的特点是不牺牲空间分辨率，不牺牲时间，而且与普通相机形态基本一样，只需要在光学系统中加入滤光片即可。当然，作为成像光谱仪，能量都要牺牲，这谁都没办法。

写到这里，那么就回到了另外一个问题，到底是多光谱还是高光谱呢？

4. 多光谱与高光谱之争

其实，这个问题很好回答：高光谱应该作为光谱标定、建库使用的工具，它既"尊贵"（主要是贵），又不好用，就像你让一个侯爵去犁地一样；多光谱便宜且大众，适合去干活。

既然如此，那么，多光谱成像为什么也没有普及呢？而且，它活干得也不好啊！这就是成像光谱仪尴尬的地方，"涸辙之鲋"的道理更是明显，如果你真给鲫鱼一斗海水，它到底能存活多久更是难说。

原因很简单，那就是多光谱该怎么选的问题。干活是分工种的，有的犁地，有的养牲口，有的开拖拉机……你想让张三同志什么活都得会干，而且要干得好，这个太难了！

到底是高光谱还是多光谱这个问题，还得从光谱到底怎么分说起。首先，高光谱成像多为光栅和棱镜的分光模式，将宽谱光色散后，根据设计谱段数均分光谱区域，特点是每个谱段都是**等间距**的，各谱段**相互独立**。高光谱的谱段数越高，光谱分辨率越高，理论上讲，光谱曲线就会越光滑；缺点是光谱能量低，易受噪声影响。然后，我们再来看多光谱，它的特点也是根据谱段数均分光谱区域，只是谱段数少而已，光谱稀疏，曲线不够光滑，能量利用率高一些，其他的与高光谱都一致。

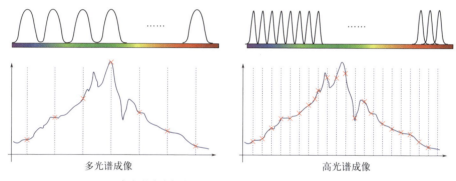

▲ 多光谱成像与高光谱成像的光谱采样方式与采样结果

我们再进一步看看高光谱识别方法，其中很流行的一类方法称为"波段选择（Band Selection）"。方法多种多样，但核心思想无非就是对高光谱数据降维，也就是把高光谱图像上百个光谱数据根据目标的光谱特性做光谱的稀

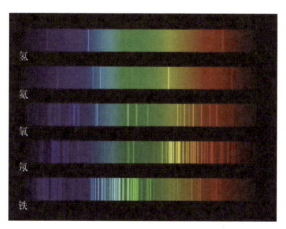

▲ 不同物质对应的光谱

疏化，把高光谱变成多光谱。当然，具体的做法就比较复杂了，还涉及光谱正交基的选择之类问题。不仅如此，难点还在于不同的物质对应的特征光谱不同，光谱曲线不同，很难将光谱识别问题变成一个通用的检测方法。

也正是因为这些原因，成像光谱应用很难推广。光谱成像难推广的原因主要有两个：一是设备太贵，老百姓很难用得起；二是高光谱和多光谱到底能解决什么问题，很难说清楚，而且这才是用户最关心的核心问题。当我想在工业界推广多光谱相机时，朋友经常一个问题就能问倒我：光谱能干什么？能解决生活中的哪些问题？含糊的答案当然千千万，可是却不能一言中的、直截了当地回答好这个问题。

目前成像光谱的应用现状到底怎么样呢？学术界的姿势是使用标准光谱图像数据库，变着花样设计各种算法，什么流行追什么，一会儿稀疏表示，一会儿深度学习，能用上的全用上，然后得到一组漂亮的数据，识别率达到诸如99%之类的结果。特点是算法应用不出标准光谱图像数据库，一旦给了一组新数据，算法表现往往都差强人意，然后来一句抱怨：光谱数据太少了，没有试验的机会。这样做的好处呢，是大家都在同一个尺度、同一个标准下对比，比对容易，但带来的问题是难走出这个圈子，论文相互审来审去，却不能干活。长此以往，天生的物质"指纹"却怎么都摁不准，总是"解锁"失效。

当然，做工程应用的严谨的研究人员也不少，他们也在不断思考，尝试用更简单的办法解决应用问题。我就遇到过做深空探测光谱应用的研究人员，他们就在不断优化成像光谱仪的设计，以应用为目的，解决光谱成像应用的难题。我和他们的共同观点就是高光谱多用作标准测量，多光谱用来解决问题。

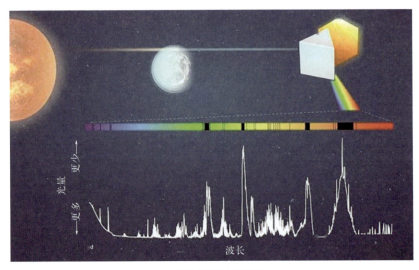

▲ 不同波长对应的光量

于是，一个问题就迎面而来，既然高光谱都不好解决的问题，多光谱能行吗？每个任务不同，特征光谱不同，如何设计多光谱呢？尤其是面对光谱成像设备昂贵的问题，我们该怎么做？

接下来，我就要讲计算光谱成像，也就是低成本的、好用的下一代成像光谱仪。

5. 下一代成像光谱仪

成像光谱仪的小型化、低成本一直是科学家的梦想，每次技术革命都会激起这帮热衷光谱的家伙们创新的心：在压缩感知流行时，出现了压缩光谱成像；在光场操控流行时，出现了以F-P干涉调制型光谱成像；在微纳光学流行时，出现了探测器镀光谱薄膜技术；在超透镜流行时，出现了超透镜型成像光谱仪；在人工智能时代，出现了深度学习把多光谱拉扯成了高光谱……但有一个事实确实摆在我们面前，那就是成像光谱仪如武术般，花样繁多，什么高难动作都有，故事一大堆，投资一大把，却还没有飞入平常百姓家。于是就有人把成像光谱仪看成了"太极大师"，牛吹得很大，一拳就能被人家打倒。我当然不同意这个观点，但我很着急，因为我知道这里面大有文章可做，只要不走偏，脚踏实地面对真问题，一定大有可为。

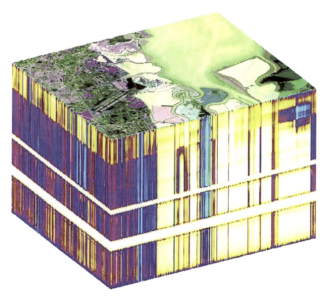

▲ 物质的高光谱

说白了，目前的成像光谱仪还是阳春白雪，曲高和寡，动作好看，却不能打，这肯定不行。那么，怎么才能让成像光谱仪走入寻常百姓家呢？走寻常路估计比较困难，我们拓展一下思路。

先回到我们最熟悉的人眼吧，大自然把人类的视网膜设计成由红、绿、蓝三类锥状细胞和一类杆状细胞组成，于是，我们可以在光线好的情况下由锥状细胞感知三种颜色，经过大脑的合成，让我们看到彩色的世界；当光线弱的时候，转换到黑白频道，杆状细胞开始工作，能够在黑暗环境中看到点什么，解决生存问题。当然，我们关心的还是色彩的问题，也就是为什么大自然千千万万的繁杂色彩都能由三种颜色合成？为什么是红绿蓝这三种颜色？可不可以是其他三种颜色？这三种颜色很"纯"吗？能不能把这些问题拓展到光谱领域呢？

▲ 视觉看到的色彩

回答完这些问题，也许你就能明白点什么。

首先看色彩合成的问题。尽管人类用红绿蓝三种锥状细胞看彩色世界，但我们感知的只是颜色，确切地说，每一种颜色都是由一组红绿蓝锥状细胞分别感知的色彩分量，经过视神经传输到大脑合成的，甚至可以认为是一个具体的数值。光谱呢？我们在做光谱识别时，实际上是在做每个分量的独立比较，根据它们离的远近程度判别是不是同一类光谱。这其实很不同，据说，正常视觉的人在相近颜色对比的情况下，可以分辨出16万种颜色。不得不说，这种辨识能力是超强的，而与之对比的现有的光谱识别方法，则远远达不到这种程度，因为拿这三个色彩分量与标准值做比对时，发现它们之间的差异之小远超信噪比的宽容度了。于是，我们有理由怀疑比对方式的光谱识别实际上是有缺陷的。也就是说，独立分量的灵敏度没有合起来的灵敏度高，换句话来说，光谱识别算法其实还可以有更好的架构设计。

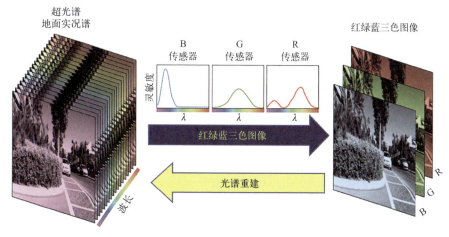

▲ 光谱重建

接着，我们再看这三种锥状细胞的色彩"纯度"。从它们感知的光谱曲线就很容易看到问题：它们不仅不纯，而且，互相之间竟然还有光谱重叠！噫嘘乎！怪哉也！其实，怪的是我们，因为我们习惯了"平均分配"，习惯了"简单"，却为了简单而搞得越来越复杂。这给我们带来另外的启示：光谱分量的切分可以是不等长的非均匀分配，而且，各谱段之间可以有一定的重叠。

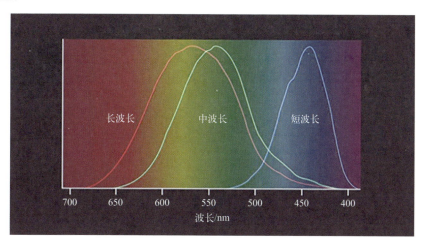

▲ 人体锥状细胞的响应光谱

我们来看看这样做的好处：

① 不等长光谱分布的线性组合灵活性更强，相当于在原先的一维空间做

了升维的拓展；不等长设计方法需要参考物质的特征光谱，它的好处犹如通信中的不等长编码，也就是哈夫曼树的设计，可实现熵减；

② 光谱谱段间重叠意味着其在数学上存在着交叉项，这就使原先的线性方程变成了非线性方程，如果设计得好，将会带来更多的收益。当然，光谱重叠的依据需要考虑正交基的设计问题，这部分工作恰恰在高光谱识别中已积累了很多成果。不过，这些问题目前可参考的东西很少，因为很少有人会打破常规去设计成像光谱仪，何况成像光谱仪在老百姓心目中的接受度还很低，不知道它能干什么。也正因如此，才有更多的创新工作需要去攻克，我也相信，一旦有更多的数学因素参与进来，创新性成果将大量涌现。

写到这里，你是不是还有一个疑虑，那就是如何面对繁杂物质的光谱识别来设计多光谱成像仪呢？也就是说我总不能买一个成像光谱仪只能干一件事吧？这个问题提出多年，也没有好的解决方案，原因就是多光谱成像的范式设计过于固化，只有那么几个**"固定"**设计模式，束缚了设计者的思维。在计算光谱成像中，当光谱以混叠姿势进入设计角色，那就是多个光谱经过光学元件变换做频谱混叠，建立起光谱编码／解译稳定的函数关系，就能确保光谱的设计可靠性。在压缩感知时代，研究者多以 4f 系统做光谱的混叠，当然，压缩光谱成像存在着非稳定性特点，常被人质疑也是实情。回到多光谱的动态设计问题，随着微纳技术、空间光调制器、DMD、MEMS 等动态光场调控器件的高速发展，我们有理由相信，可动态调控的光谱混叠技术将融入成像光谱仪的光学系统中，根据需求动态更换多光谱的时代将很快来临。

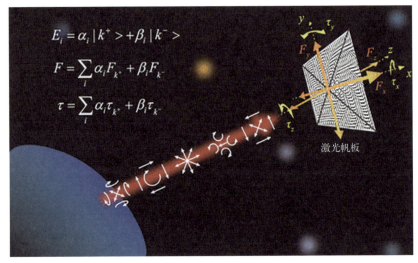

▲ 多尺度光场调控

还有，进入了人工智能时代，AI 光谱智能算法也登上了舞台，这些都是好事，尤其是做端对端的 AI 设计方法，能把潜在的非线性关系梳理出来，那就更是大功一件了！

▲ AI 光谱智能

总之，下一代成像光谱仪瞄着设计简单、动态多光谱设计、低成本、高可靠性等方法发展，可以使成像光谱走入千家万户，让更多的人打开新"视界"，看到更丰富多彩的世界。

信噪比：计算成像的「拦路虎」

场景一　信噪比、信杂比还是信干比

"你说的这个是信杂比，不是信噪比！概念都没搞清楚，搞什么计算成像……"一专家在某答辩现场对着博士生小强猛一顿批评。第二天，师兄说："你在梦里说了98次信噪比，784次信杂比，还有1次信干比！"小强问："重要吗？"师兄："不重要吗？"小强："重要吗？"师兄："我就是问一问，何必那么认真呢？"遭受满脑子标准答案专家的猛击后，小强陷入了"到底是信噪比、信杂比、还是信干比？"的迷惑之中。

场景二　分辨率之辩

苏博士说："邵老师，我也读过你那篇《苏格拉顶的申辩论——一场关于分辨率的辩论》，关于超分辨率，有一点我还是不明白。目前，部门领导对利用探测器亚像素位移方式进行超分辨率成像是认可的，当两次成像错位0.5个像素，成4次像后再重建，空间分辨率提升了1.4倍。"邵老师示意席博士回答："那是因为微位移0.5像素，采样频率提升2倍，成像分辨率提升了$\sqrt{2}$倍。"

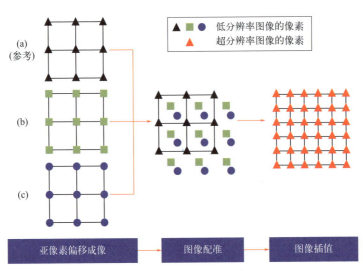

▲ 亚像素位移超分辨率成像

苏博士继续说："有个学者做了这样一个工作：相机随便拍，对同一场景拍多幅图像后，经过他设计的超分辨率重建，也能提高分辨率，效果还不错。那么问题来了，我们不停地拍，是不是就可以用很小口径的光学系统替代大口径望远镜，获得很高的分辨率。也就是说，0.1m分辨率也可以用小口径的光学系统实现，牺牲点时间都是值得的。"席博士说："虽然他不用0.5

像素的错位，但本质上还是在找寻像素错位了多少，从算法上拓展了亚像素位移方法，只是效率会更低一些。"苏博士道："那么，按照这种说法，分辨率不就可以无限地提升了吗？很显然，现在谁都不可能做到，那么制约它的根本原因是什么？"邵老师笑了笑，摸了摸每根都显得很珍稀的头发说："是信噪比。"苏博士继续道："还有，傅里叶叠层成像在远距离上，到底行不行？"邵老师略显神秘道："还是信噪比。"

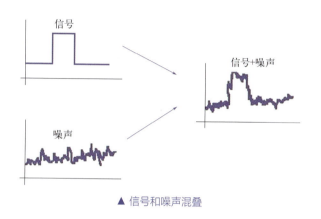

▲ 信号和噪声混叠

场景三　偏振三维成像的解译精度

首长问："小李，你们做的那个偏振三维成像载荷，精度是多少？"李博士说："在数字高程模型（DEM）反演的数据上，深度信息的精度是相机空间分辨率的 1.67 倍，比双目交汇方式的 2 倍空间分辨率要高。"

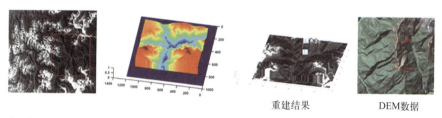

　　　　　　　　　　　　　　　　　　　　　　　　　重建结果　　　　　　DEM数据

▲ 喜马拉雅山二维强度图　▲ 地形深度重建结果　　▲ 喜马拉雅地区重建精度对比图

首长继续问："为什么是 1.67 倍，而不是 1.5、1.4 倍？"李博士继续说："是这样的，在理论上，深度分辨率与空间分辨率是 1:1 的关系，因为有噪声的问题，导致信噪比下降，目前，我们的算法只能做到 1.67 倍，随着偏振三维成像技术的发展和算法的进一步优化，我们有信心做到 1.5 倍，甚至更高……"首长点点头。

噪声是无处不在的，信号也是，但在噪声的海洋中，哪些信号能打捞上来，或者说在信号的海洋中，哪些噪声能够滤除，其实都取决于信噪比。计算光学成像很重要的一步就是图像重建，需要相位恢复、相关运算、卷积运算等算法，这些都无法讨论噪声，于是，制约计算光学成像很重要的一个角色就呼之而出，那就是信噪比。

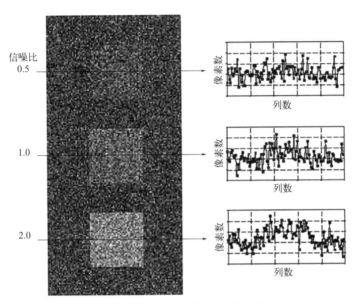

▲ 不同信噪比下像素数与列数的关系

1. 正视听：信噪比、信干比与信杂比之争

先看定义：信噪比（Signal-to-Noise Ratio，SNR）用于比较有用信号的强度与背景噪声的强度，定义为信号功率与噪声功率之比，也就是幅值（Amplitude）平方之比：

$$SNR = \frac{P_{signal}}{P_{noise}} = \frac{A_{signal}^2}{A_{noise}^2}$$

以分贝（dB）为单位表示：

$$SNR(dB) = 10\lg\left(\frac{P_{signal}}{P_{noise}}\right) = 20\lg\left(\frac{A_{signal}}{A_{noise}}\right)$$

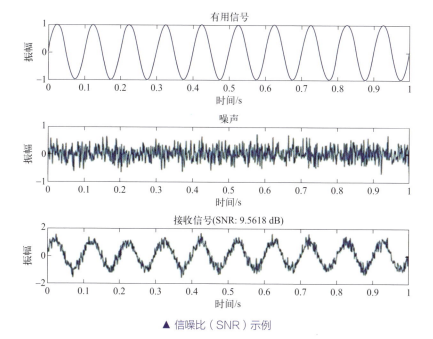

▲ 信噪比（SNR）示例

我们再看所谓的信干比（Signal-to-Interference Ratio，SIR），它是用于衡量信号与干扰（来自其他通信设备、电子设备或环境噪声）之间关系的重要指标，其定义为：信号功率与干扰功率之比，通常以对数形式表示。信干比的公式为：

$$SIR = 10\lg\left(\frac{P_{signal}}{P_{interference}}\right)$$

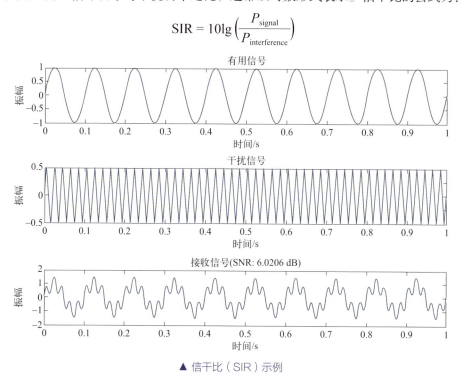

▲ 信干比（SIR）示例

如果不死心的话，再看看信杂比（Signal-to-Clutter Ratio，SCR），这个更多来自于雷达或者目标探测领域的概念，其神秘程度如同掩耳盗铃，仅仅是在定义中把信噪比的功率改写成了图像的平均灰度，看看它的定义就知道了：

$$SCR = 10\lg\left(\frac{目标平均灰度^2}{背景平均灰度^2}\right)$$

当然，还可以定义局部信杂比和全局信杂比。从这几个公式中，很快就能发现文字游戏的伟大，明明本质相同的东西，硬是玩出花样，如同吃够了馒头换花卷一般。即使是信噪比，也有人问："你用的是系数 20 那个公式还是 10 的那个啊？"亲切中透着"杀机"，而这个时候你可能怀疑人生：我是不是学了个假的信噪比啊？于是，你看看上面那个以 dB 定义的信噪比公式，都能顿时笑出声来！这不都一样吗？于是，我想起当年上大学学习普通物理时，电磁部分的公式实在太多，不好记，有的带平方，有的不带，很容易混，考试时万一记错了怎么办？最好的办法是记住最根本的那几个公式，现用现推，花点时间而已。而不幸的是，我们现在很多考试往往训练的是如何解需要高度技巧的难题，于是，训练了一批又一批做题贼猛、遇事却束手无措的学生——忽视基本概念和定义，忽略边界条件，满脑子标准答案，缺乏思考能力。总之，舍本求末者众也！

麦克斯韦方程组

$$\nabla \cdot D = \rho_v \qquad \nabla \cdot B = 0$$
$$\nabla \times E = -\frac{\partial B}{\partial t} \qquad \nabla \times H = \frac{\partial D}{\partial t} + J$$

$$\nabla^2 E = \mu_0 \varepsilon_0 \frac{\partial^2 E}{\partial t^2}$$
$$\nabla^2 B = \mu_0 \varepsilon_0 \frac{\partial^2 B}{\partial t^2}$$

在这里，我们没有必要分青红皂白，信干比、信杂比都是信噪比衍生出来的子孙辈，在应用过程中，当成一回事就行了。也就是说，该算总账算总账，该算各自贡献算各自贡献，管它什么名分，叫信噪比没有问题。可能很多人会说我不严谨，其实，能解决问题才是最重要的，而不是去追究他到底叫张三还是 Bob；对年轻人也要宽容一些，别让场景一中的小强闷出抑郁症来。正完视听后，我们来细数一下计算成像中的这条"拦路虎"的"恶行"。

2. 全盘皆输

首先，信噪比是计算成像无法摆脱的一条"拦路虎"无疑，因为图像的计算重构是计算成像链路中非常重要的一个环节，每一种计算成像技术都摆脱不了。躲不过，就必须面对。其实，信噪比对计算成像来讲，最大的"罪行"是它能破坏成像的边界条件，让窗缝中透出的那道光立马变得暗淡。

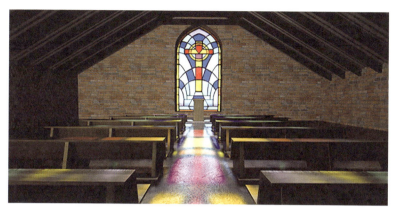

▲ 窗缝中透过的光

我们来分析一下场景二，很明显，分辨率不可能经由多次拍摄无限提升，因为每次拍摄的信号都有基底噪声，即使信噪比很高，那个噪声也是存在的，于是，信号累加之后，噪声水平实际是上升了，只是在信噪比比较高的时候上升得慢一点而已。但随着信号的累加，噪声逐渐占据了很高的水平，而有用的信号累加在噪声的影响下却几乎停滞，形成了一个新的信号累积信噪比，它的噪声累积已到了不能忽视的程度，自然，成像方法会失效，于是，分辨率在噪声的影响下停摆在一个属于它的位置上不动，也就是分辨率的极限。

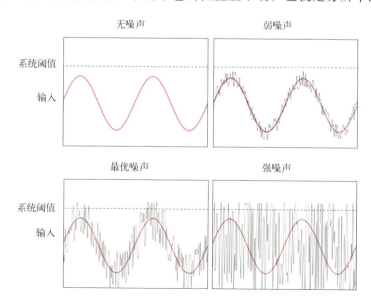

这样的例子其实很多。我们再看看傅里叶叠层成像吧，很多科学家对此给予高度的期望，执着地认为它最有希望成为光学合成孔径的"扛把子"。想想也是，前面我在《"破镜重圆"——光学合成孔径》一文中也提到过：合成孔径的要求很高，每个子孔径一致性要好、光源要同源、傅里叶叠层成像这些都具备，因为它只需要一个光学系统，一致性当然很好，主动照明的光源也没问题，就连它从显微成像跨越到10m的"远距离"成像，似乎走向公里级甚至是遥感的数百公里级都有可能。

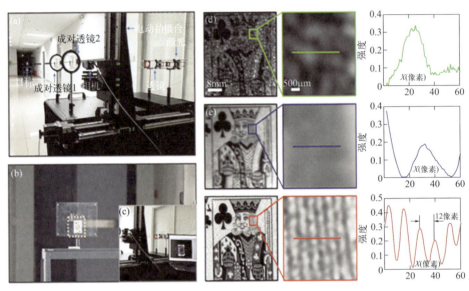

▲ 远距离傅里叶叠层成像结果

　　理论上来讲，主动照明的光源如果能控制得很好，没有噪声干扰的话，这些都没问题。可是，这两个问题无论哪一条都会给傅里叶叠层远距离成像造成致命打击。首先，傅里叶叠层成像的基本原理是依靠多帧重叠区域拍摄延拓傅里叶频谱，也就是拍摄的当前帧与已合成的频谱之间有延拓的桥梁，依靠着相位恢复的算法能够将高频信息拓展其中。注意，这里用到了相位恢复算法，这位在计算成像中无比风光的家伙却是靠着"计算"活命，而信噪比恰恰是"计算"的克星，它时刻提醒着"计算"不能越雷池一步，否则全盘皆输。这里，我们需要注意的是，在傅里叶叠层频谱拓展过程中，随着更高频率的提升，信噪比变得越来越差，相位恢复的效果自然不好，于是就会停滞不前，指针指在它的极限处。而比这更糟糕的是随着远距离的提升，大气扰动会打破原有的和谐，让子孔径的一致性变差了很多，本质上也是信噪比下降，而且，口径越大，大气的影响就越恶劣，于是，做到10m的"远距离"成像已属不易。于是呢，就有人提议：既然有大气不行，能不能让它上太空去"打工"，作为卫星载荷看卫星总是可以吧？那么，我们再分析一下傅里叶叠层的另一个致命点，那就是主动照明。光源的传输都有发散角，距离越远，发散越严重，光信号就会恶化，造成了光信号的信噪比下降，这种现象直接断了它在太空中"打工"的念想。

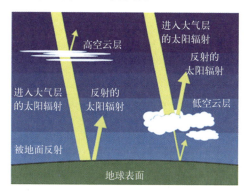

▲ 大气辐射示意图

▲ 激光束的发散性

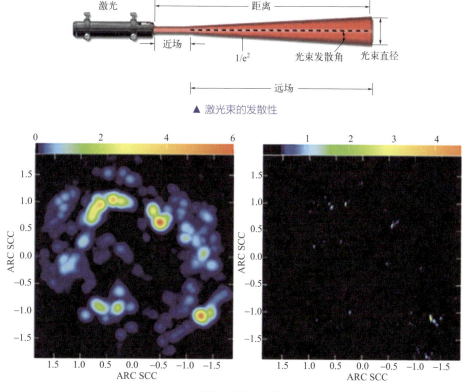

▲ 光学合成孔径成像

作为光学合成孔径的一员，它的缺点是没有光的干涉过程，于是少了幅值的叠加。从信噪比的公式上看，如果有幅值的叠加即2倍信号，信噪比会提升4倍啊！上图为光学合成孔径成像结果：左图低分辨率图像是由英国的MERLIN阵列拍摄的，显示了由直径约为太阳系200倍的气体膨胀壳产生的脉泽发射壳。对应的右图显示了更高分辨率的VLBI（甚长基线干涉测量技术）阵列所能看到的更精细的脉泽结构。

接下来继续剖析光学合成孔径的老祖宗。无论是斐索干涉型还是迈克尔逊干涉型，它们都要求子孔径的高度一致性和共相。诚然，从数学上，它们具有比傅里叶叠层成像得天独厚的4倍信噪比优势，这也是我们在克服信噪比这只"拦路虎"时的重要一招，也就是从物理机制上解决问题，我们后续再做分析。但是，它们的难点在子孔径一致性和共相方面。说白了，子孔径高度一致性，其实就是要满足好的干涉条件，信噪比高；而共相的要求更是如此，因为只有共相了，才能达到4倍信噪比的提升。而现实中，这些都做不到，信噪比自然下降了不少，甚至稍有不慎，就退化为信噪比提升很小甚至不能提升的情况。

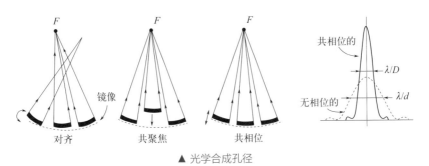

▲ 光学合成孔径

你看，是不是对光学合成孔径而言，制约其是否成功的根源实际上是信噪比。那么，对其他计算成像技术呢？也是如此，不信再看看散射成像，从最初的传输矩阵成像法到后来的自相关重建法，信噪比无一不扮演着重要的角色。首先看传输矩阵，它必须要测量后计算出来，而测量就存在着误差，误差的来源有光源、控制误差和探测误差，都会造成信噪比的下降，当信噪比退化到一定程度时，成像效果就会变差甚至失效。然后看看自相关成像，它的要求可以说比传输矩阵还要高，自然应用场景也会受限；单看它要形成散斑这一条，其实就告诉我们大部分散射情况不能使用自相关成像；然后，它同样也需要相位恢复算法，甚至它曾一度让很多数学家一致从压缩感知的战场转战到相位恢复，让相位恢复算法着实火了一把。当然，后来有了深度学习，他们又转了风向。前面讲过，相位这个"凌波微步"走起来必须有章法，有如把八卦图引入现场环境，除了要记住卦位和口诀，还要考虑干扰情况而随机应变，否则就会像段誉刚练习时经常摔倒，而这些干扰就决定着信噪比，就像在刺刀阵中让你走一遭一般，稍有不慎，全盘皆输。

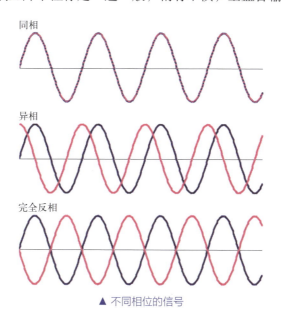

▲ 不同相位的信号

　　我们再看场景三中的偏振三维成像，从偏振信息的获取、计算，再到目标法线、形貌的重建，信噪比亦是影响其精度的重要因素。在第 1 季《偏振为什么能三维成像》一文中已经详细介绍了偏振三维成像的核心原理，在偏振信息获取、计算、重建过程中，目标特性、传输介质、计算误差，甚至有些场景下的光源都会对最终的重建精度产生影响。另外，偏振三维成像中还有另一个"拦路虎"——偏振奇异性，在解决奇异性问题时，约束信息或者先验信息的引入也会造成成像过程新的误差引入，降低了信噪比。因此，要使空间分辨率与深度精度到达 1∶1，任重而道远。我们在这里仅仅列了一两个算法，要知道，在计算成像的世界中，算法犹如武林，帮派林立，高手如云。

3. 算法武林，帮派林立

　　信噪比是计算成像武林世界的内力，绝世高手要么像扫地僧一般，通过数年磨一剑得到浑厚有余的内力，以不变应万变；要么像独孤九剑以技胜之，无招胜有招，灵活应对各种难题。各种算法就如同一门门功法，在各自信噪比内力上取得成像奇效。基于迭代的算法是计算成像技术的一项重要分类。例如，面对成像链路中存在大气或水体扰动影响成像时，可使用自适应反馈算法、顺序优化算法、遗传优化算法等波前调制技术改变光场波前，通过变形镜、空间光调制器等器件的调控抑制无序干扰；干涉成像、全息成像、散射成像等需要精确恢复相位信息，所用的 GS(Gerchberg-Saxton) 算法、Fienup 算法、往返场估计算法等，通过反复迭代优化图像的相位信息，以使得模拟的光学传播过程与实际观察到的图像相匹配，每次迭代都会更新图像的相位信息，直至实现高质量相位重构收敛为止。与一次成像不同，这类迭代型的算法会受每一次迭代的信噪比影响，最终的成像结果受每次迭代中噪声的累加影响。以往返场估计算法透散射介质成像应用为例，当其中迭代所用的一幅探测图像环境噪声较大时，最终的成像结果会由下图中的图（a）退化至图（b），边缘几乎不可辨认，只能看到大体形状。

(a) 较佳信噪比下成像结果　　　　　　(b) 较差信噪比下成像结果

▲ 不同信噪比下的成像结果

重构类算法是计算成像技术的另一大类关键算法，比如数字全息成像中全息图的傅里叶重构算法、菲涅尔近似重构法、卷积重构算法；层析成像技术实现目标内部结构重建的线性反向投影法、奇异值分解法、正则化重建法、傅里叶变换法等；结构光成像中的多帧相移轮廓法、傅里叶变换轮廓法；光场相机成像的相位引导光场算法；激光雷达的同步定位与绘图算法；非视域成像的飞行时间反演法、时空衍射积分法、逆滤波法等。

数字全息成像高质量重构的前提之一是全息图干涉条纹对比度要尽可能高，也就是广义的信噪比要高，否则再现像相位及振幅图像信噪比会大幅降低。非视域高精度成像的前提则来自于时间测量的精度和回波信号的信噪比，前者由硬件设置决定，后者则受硬件、环境及算法等多方面影响。开发少光子甚至单光子下的鲁棒算法为低信噪比下的高保真度目标重构保驾护航。我们再看看曾红极一时的光场相机，它通过多视点三维重建和视差计算等估计出场景中物体的位置、深度等信息。乍看好像很完美，但它对成像目标信噪比的要求远比普通成像相机高，原型机的开发者两百页论文中有三十多页内容放在了数字图像矫正与增强上，我们也可从下面的第二幅图中发现端倪。

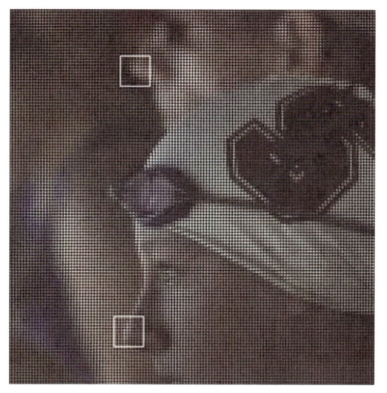

▲ 光场相机的全景深聚焦过程

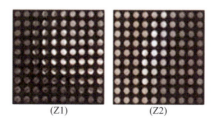

(Z1)　　　　　　(Z2)

▲ 光场相机探测结果及局部放大图

计算成像领域与传统成像打交道最多的应该是各类增强算法，想解决的也正是信噪比的问题。例如解决成像条件不佳带来的模糊问题，可以使用维纳滤波算法、正则化滤波法、Lucy-Richardson 滤波法、盲卷积算法等逆滤波算法，通过计算模糊过程的逆过程来恢复原始清晰图像，然而逆滤波容易出现振铃效应或者过度放大噪声。偏振差分增强算法、暗通道增强算法等能在雾、霾天气下增强被遮蔽的目标信息，其中使用偏振信息能提升至原本约 1.5 倍的可视距。非传统成像方式的关联成像和散射成像中没有传统定义上的信噪比，此时按信干比理解可能更合适，这两者的信干比都是很低的。关联成像可以利用高阶关联算法，提升图像重构后的对比度，或使用差分成像算法抑制背景干扰。而散射成像可以借助主成分分析法、非负矩阵分解法或稀疏低秩矩阵分解法获取较为纯净的散斑，从而恢复目标信息。

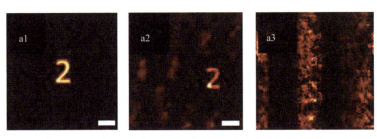

▲ 散斑相关算法下不同信干比的重建结果，由左向右信干比依次下降

深度学习算法已经取得了巨大进展，可以学习到图像的复杂特征和增强规律，从而实现更高效的图像增强、重建效果。例如，基于生成对抗网络（GAN）的图像去模糊方法能够生成更加清晰和真实的图像。此外，深度学习还被广泛应用于超分辨重建中，是除插值法、金字塔法和稀疏重建法等传统超分辨率算法外的重大分支。在散射成像、全息成像中，也能使用神经网络直接求解成像结果。看起来深度学习算法就像是慕容家的绝学——以彼之道、还施彼身，哪哪都能用，但就像慕容复想赢还要配一个熟记天下招式的王语嫣才行，要想处理低信噪比信号，就需要建立低信噪比结果与高信噪比的配对，而这在真实应用场景下是很难的。

此外，成像作为光场信息的获取手段，也遵循奈奎斯特信号采样定理。因此，传统光学成像通常需要采集大量数据才能获得完整的图像信息。利用图像在某些变换域中的稀疏性，压缩感知算法通过少量的采样数据并基于如最小化 L1 范数的优化算法可重构出完整的图像信息。诸如单像素成像、鬼成像等全新成像方法就可基于压缩感知算法实现。对于这种非传统的信号重建方式，信噪比的要求依然存在。

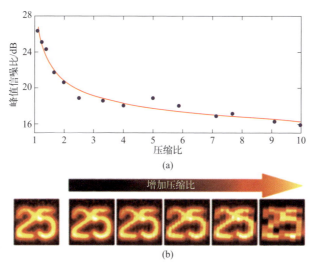

▲ 不同压缩比下的散射成像效果

计算成像中的算法流派林林总总，除去上面提到的还有拼接类算法、融合算法、自适应调控算法、光谱重建算法、投影算法，等等。实际应用中往往多种算法结合，目的也很纯粹，就是尽可能挖掘出既定信噪比中的每一份有用信息。

4. 信噪比之"出埃及记"

谁能带领信噪比"走出埃及"？谁是那个摩西？信噪比就像股市，救市的方法有很多，救信噪比的方法也不少。

直观地看，"出埃及"有两条路：提高信噪比和改善算法。从信噪比公式中很容易看出，无非就是信号增强，噪声降低。降低噪声大都在探测器层面做的工作，这里不做赘述，重点考虑信号的增强。信号增强最好的办法是在物理上改善，也就是物理救信噪比，其核心在于计算成像的范式设计。其实，从光学合成孔径的例子中就能看出端倪，那就是斐索型和迈克尔逊型的干涉方式，会引起信号幅值的倍增，信噪比从理论上可以提升4倍，这就特别诱人，于是有很多人将终生精力投入其中。我在《授人以渔：计算光学成像的范式》一文中比较详细地讲述了如何设计计算成像的范式问题，针对信号增强而言，特别需要考虑能否将光的干涉、光学差分探测和光学滤波等手段设计到成像范式中。这当然很难，但却非常值得我们去探索，犹如攀登珠穆朗玛一般，登峰造极者虽寡，却影响深远，可以带来革命性变化。当然，信号增强的普通方法就很多了，特点是信号增强效果不是特别明显，这里就不讲了。

然后，我们看第二条路：改善算法，典型做法有极低信噪比探测和各种优化算法。极低信噪比探测主要是突破传统的图像类目标，检测信噪比始终要求保持在 3～5dB 左右的限制，要进一步降低检测信噪比。当然，我们这里讲的是计算光学成像，主要考虑的是信噪比对图像重建的影响，但道理是相通的，也就是算法救信噪比，解决拓展信噪比的问题，比如：如何用更好的算法解决干扰情况下的傅里叶叠层成像相位恢复，甚至可拓展到更高频率的问题。

其实，讲到这里，我们还应该看到线性模型在算法中带来的信噪比受限问题，于是 AI 救信噪比应运而生。最近几年，我们经常会看到传统算法解决不了的问题，用了 AI 之后，似乎换了新天地，这本质上是因为 AI 能够以非线性的形式学习信号和噪声特性，以神奇的方式还原出信号信息，甚至到了大模型时代，AI 几乎无所不能。可以说，用好 AI 这个工具，一定会得到性能的大幅提升，从算法上救信噪比也比较靠谱。

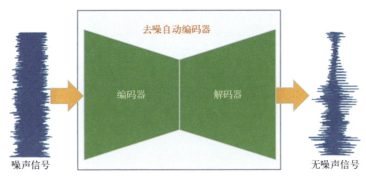

▲ 信号去噪过程

我们来看一个具体的例子：去雾，其本质也是降低信噪比问题。于是有人想到了偏振，尤其是圆偏振的传播特性似乎对去雾更有搞头，在降低信噪比方面确实有优势，可是，偏振成像在能量探测方面"杀敌一千、自损八百"的特点也让很多人清醒了不少。然后用多光谱的方法解决去雾问题，比较好的是采用短波红外弥补可见光传输问题，提升信噪比，可是短波红外相机价格昂贵，且分辨率低，能否在可见光波段解决呢？在没有找到更好的物理方法时，就有了各种去雾算法：从暗通道到 AI，都有一些不错的表现。当然，我更希望在去雾方面有更好的计算成像范式设计，即新的成像模型，从物理上提升信噪比，辅以 AI 等高性能算法，解决大气传播问题。

5. 到底谁是"拦路虎"

如果一种成像方法失效了，不妨先从信噪比入手考虑，深入思考一下可能都会找到答案。当然，信噪比是计算光学成像的"拦路虎"，这种说法其实并不客观，更主要的原因是我们的脑子里进了"雾霾"，被条条框框和各种正确答案充斥着，以至于忘记了正确的方法，偏执地认为就是信噪比导致了计算成像模型的失败。现在，你该知道到底谁才是真正的"拦路虎"了吧？

生成式AI、物理模型与计算成像

SORA 出世

2024 年春节，科技界最"炸裂"的消息莫过于由几个 00 后年轻人为主导的团队研究的文本生成视频大数据模型 SORA 的横空出世，一段描述性语言就可以生成一分钟长度的如同真实多角度、多机位拍摄的 1080P 高清视频，场景栩栩如生，这就是号称物理世界模拟器的 OpenAI 新利器 SORA 的杰作。一石激起千层浪，全球都开始热议人工智能的潜力和未来，就连 NVIDIA（英伟达）公司的股票都能一天暴涨近 1.3 万亿人民币的市值，可见其威力。结合春节前苹果公司发布的 Vision Pro 头戴式"空间计算"显示设备，配备了 12 颗高清摄像头和 8K 显示屏，将虚拟现实与真实世界有机结合到了一起，它的出现让人们重新认识了元宇宙，无疑也会改变人类的认知，再有生成式 AI 加持，未来会怎么样？

在这里，有几个关键词：**现实、物理、生成式 AI 和视频**，这当然与成像有关系，那么，计算成像与它们的关系是什么呢？该如何去区分 AI 生成图像和视频呢？

逻辑与哲学

"某天早上，一位计算机科学家一觉醒来时，他惊奇地发现自己变成了哲学家。"这是一个学者对人工智能高速发展发出的由衷感慨。计算机的核心是什么？逻辑。哲学呢？也是逻辑。

罗素上大学时选的是数学专业，后来，他认为所有数学的证明都不是严密的，因为有很多公理的存在；那么，该如何去解释这个世界呢？经过深入思考后，他最终选择了哲学。

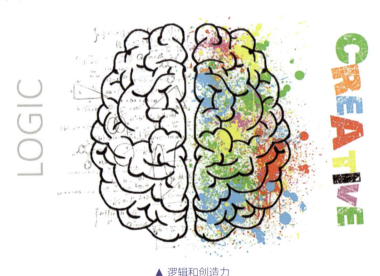

▲ 逻辑和创造力

量子坍缩与维度

量子最诡异的莫过于它似乎与人的意识密不可分，也就是当我们去观测量子态时，它是以"坍缩"模式呈现的，典型如薛定谔的猫，当然还有更难理解的 HBT 干涉。现在有一种对量子坍缩的解释是量子的高维度波函数经过探测后变成了低维度的投影过程：当没有观测量子态时，它呈现的是高维度模式，而一旦有人介入观察和测量时，波函数就从高维度投影到了低维度，让认知局限于三维世界的人类误以为是人的意识参与到了量子现象，其谬大焉。

▲ 三维世界

计算光学成像本质上是高维度光场信息的获取和解译，这其实也蕴含着维度"坍缩"的意思。惠勒说：**宇宙的本质是信息**。那么，量子就是信息的载体，犹如生物的存在是基因的容器一般；显然，计算成像的基因其实就是高维度光场。生物基因具有多样性，计算成像亦是如此，不同性质的光场就是不同的基因。

人工智能不仅仅是计算机学科的事儿，它的威力从生成式 AI 的 ChatGPT 到 SORA 已略见一斑，一旦其与计算成像"联姻"，则前途不可限量。

1. 现实世界与物理、生成式 AI

（1）物理的解释

虚拟现实是对"现实"物理世界的仿真过程，也就是说现实与物理密不可分，但这个"物理"与物理学科的那个物理不是一回事，它更多的是表征现实的客观世界，一般为计算机学科之人所言。而对于从事与物理相关学科的人所说的"物理"，则更偏向于学科的概念，这个"物理"当然更复杂。

▲ VR 世界

显然，SORA 这个物理世界模拟器指的是前者，但我想，随着更多学科的人参与到人工智能中来，尤其是物理学科相关的学者参与后，AI 也会懂热力学、懂电磁场，还懂光学，那真有可能是真正的物理世界了！那么，计算成像也必须要做出它该有的贡献。

（2）生成式人工智能

生成式人工智能（GAI）是利用复杂的算法、模型和规则，从大规模数据集中学习，以创造新的原创内容的人工智能技术。这项技术能够创造文本、图片、声音、视频和代码等多种类型的内容，全面超越了传统软件的数据处理和分析能力。在人工智能领域，**大模型**是指拥有超过 10 亿个参数的深度神经网络，它们能够处理海量数据，完成各种复杂的任务，如自然语言处理、计算机视觉、语音识别等。

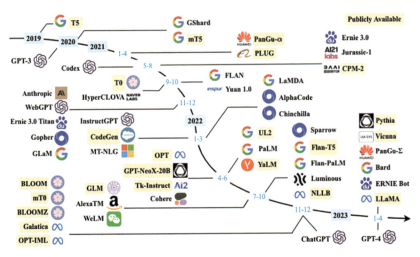

▲ 人工智能软件

生成式 AI 典型的成功案例是 2022 年末 OpenAI 公司推出的 ChatGPT，标志着这一技术在文本生成领域取得了显著进展。接着，是音频、视频，甚至是编程代码，就像 NVIDIA 的创始人黄仁勋所言：人的语言就是编程语言，人类将无须再学习 C++。

（3）SORA 与物理世界

SORA 是生成式 AI 由文本生成视频的一个大模型，通过寥寥数语即可生成电影大片般的视频，既符合文本语义，又活灵活现似现场拍摄一般，不仅可以创造出现实物理世界存在的场景，而且可以根据语义创造出前所未有的想象空间场景，更有人直言要失业了！于是，我们就看到了好莱坞 8 亿美元投资被迫终止，因为 SORA 这个初生牛犊竟然能得心应手、随心所欲地"拍摄"出各种大片了！

那么，SORA 这个物理世界模拟器真的很"物理"吗？显然不是。网上有很多文章揭露其中问题，比如爬行的蚂蚁只有四只脚，玻璃杯破碎那一刻明显不符合物理规律、不符合逻辑，等等。诚然，这些都是这个初生牛犊幼儿期真实存在的问题，但谁能要求一个三岁小儿不仅能出口成章，还会解偏微分方程呢？相信随着时间的流逝、大模型的修正，这些问题将都会一一得到解决。

▲ 是真的吗

SORA 这个由计算机科学家发明出来的 AI 工具，"喂"给它的数据元素以文本、声音、图像和视频的形式出现，也就是说它是以人的物理感受数据作为输入，并没有刻意地考虑更多的物理元素，也许是因为那些是物理学家的事儿吧。但不管怎么样，SORA 缺少物理元素是事实，换句话来讲，物理会让 AI 更懂世界。当然，SORA 模型中还有"逻辑"这个因素存在，如果一个视频看起来连贯，真实感强，那么，它其中蕴含的逻辑也很重要。

SORA 这么厉害，其背后的机理是不是特别复杂、难以描述呢？其实不然，因为**简单才是模式设计的终极目标**。

接下来，我们就看看隐藏在 SORA 背后的模型是什么。

2. SORA 的灵魂——扩散模型

扩散模型（Diffusion Model）是 SORA 的灵魂。

简单描述一下，扩散模型就是在一幅清晰图像的基础上，一点点地重复添加高斯白噪声，直到噪声连成一片，"看"不出一点原图像痕迹时为止。此时，就构成了该图像的添加噪声从 0 到逐渐严重的序列。

扩散模型是一个正向过程。接着，我们来看逆扩散模型，与扩散模型正好相反，刚才的噪声图像序列从噪声最严重的开始，逆向回溯逐渐清晰的路径。显然，这条路径不唯一，甚至有无数条，那么，怎样才能保证路径回溯的唯一性或趋近唯一性呢？于是，大模型发挥了至关重要的作用，给它"喂食"海量标记训练数据，经过上万块 GPU 耗费大量电能的情况下，"吐"出一条我们所期望的趋近原图的路径，于是，就有了清晰的图像。大模型在整个过程中起的作用其实就是**优化**。

当然，从文本生成图像到文本生成视频还需要一个更特别的大模型，尤其是物理世界的模拟，需要生成符合人类认知的三维物理空间数据，既有不同物体的自然属性，比如破碎的玻璃、海洋、森林、动物，还要有重力、流场、速度、不同视角镜头的变化，等等，这些都需要从"喂食"的数据中学习、训练，与人类学习过程一样，"总结"出一条规律，按照这个规律就可以生成长达几十秒的视频数据。

在这里，我们需要注意的是"文生视频"，也就是输入一段提示语句，AI 大模型先做语义理解，然后模拟电影导演的思维模式，根据语义表达的环境，在大数据中优化搜寻最佳对象，模拟电影拍摄模式切换不同视角和不同焦段，得到一段连续的视频数据。与真实拍摄不同的是，它允许自然界不可能存在的场景出现在同一段视频中，因为它要用图像忠实表达语义的真正含义。比如，在云团巨人例子中，AI 会通过视角和亮度的变化传递出"高耸入云"和"横亘在地球上空"的压迫感；而当输入提示语句"相机拍摄的是意大利布拉诺的五彩斑斓的建筑，一只可爱的斑点狗从一楼的窗户向外张望，许多人沿着建筑物前的运河街道散步、骑自行车"，AI 会根据提示词"五彩斑斓"在大数据中配合特定风格的建筑，而且视角也随着主角"斑点狗"切换。

这一点正是 SORA 的强大之处，什么科幻片、动画片、高难度环境视频拍摄，只需简单地用"一句话"表达，就能在最原始的 0、1 高速计算中廉价获得价值不菲的大片！SORA 给大脑的想象力插上了腾飞的翅膀。如此，你就能理解为啥 Tyler Perry 无限期推迟 8 亿美元的好莱坞拍摄影棚的投资了。也许，不久的将来，就能看到"输入一本小说，输出一部电影"的现象。

3. 两个灵魂的碰撞

其实，以上这些不是光学成像研究者的事儿，我们关心的是其中的"物理"，同时也关心其中的"逻辑"。

正如前文所言，光场是计算成像的灵魂，扩散模型是 SORA 的灵魂。当这两个灵魂碰撞到一起之后，有趣的灵魂诞生了，那个"物理"也就变得更 Solid（坚实）！

那么，计算光学成像能给人工智能带来哪些新鲜内容？而诸如 SORA 这些人工智能大模型会给计算光学成像带来什么革命性的变化？从工业时代到信息时代，再到人工智能时代，我们该怎么应对呢？

▲ 人工智能带来变革

首先，计算成像确实能够给 AI 带来更"物理"的信息，更确切地说是更高维度光场的物理信息。我们可以清晰地看到，计算机视觉是以人类视觉为基础，也就是处在光的强度世界中，当然，更多的是采用了红绿蓝的彩色图像，而像偏振、光谱、相位等信息鲜有体现，更谈不上用高维度光场"图像"去喂食大模型。于是，在 SORA 问世后，就有人担心视频的真伪问题。诚然，在目前阶段，也许有一些方法能够识别其真伪，比如添加水印，然而"道高一尺，魔高一丈"的道理大家都懂，AI 加这些水印更是小菜一碟。那么，从光场的角度看呢？比如添加了偏振信息，也许需要更懂物理的人或者模型才能挖掘出它的存在和含义，赋予新的动能。其实，这仅仅也就是牛刀小试而已。同样地，即使单纯为大模型喂食高维光场这样物理特征明显的数据，AI 也能学习到一些"物理"知识，但这些"物理"知识在 AI 的角度看，仅仅是一些特征而已。如果希望学习到更深奥的物理知识，人的介入不可避免，至少，从目前来看，AI 尚不能主动学习，更无意识。

▲ 机器人计算数学问题

然后，AI 能给计算成像带来什么革命性的变化呢？ AI 擅长的是"知识汇编、深度加工"，经过大量的**制式化训练**，依靠着庞大的计算机硬件，拥有强大的大脑，记忆深度远超人类，尤其擅长解决一般方法难以克服的问题。在大模型的加持下，AI 更是如虎添翼，从几年前 AI 轻松赢得与人类围棋对弈，到现如今的 ChatGPT、SORA 等生成式 AI，智能程度超乎想象。既然都能从简单的文本中生成图像和视频，那么在输入计算成像的物理光场后，这些信息更加丰富，维度更高，理应可以生成更 powerful（强大）的数据，而这个数据恰恰可以对应计算光学成像中"更高、更远、更广、更小、更强"的需求，一些原先我们认为不可能的事情，或许，在大数据和大模型的加持下，可以实现超越。

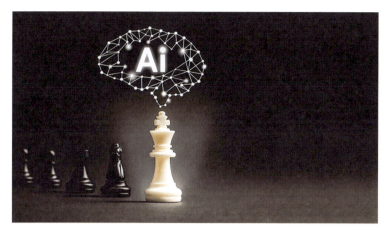

▲ AI

　　我们捋一捋这两个灵魂的逻辑，深入思考一下，如何让这两个灵魂更好地碰撞？

　　我在《元视觉与计算光学成像》一文中讲过我们看到的都是视角，也提到了元视角的概念，也就是我们得到的都是光场的投影，"眼"见并不为实。在现在的光学成像的探测、识别过程中，主要还是依赖视觉特征，看不见就是看不见了，所以有了 3 ～ 5dB 信噪比图像检测要求。而生成式 AI 却能依靠大数据和大模型，完成"mission impossible"（不可能完成的任务）的事情。这无疑给我们带来了很多的启示。

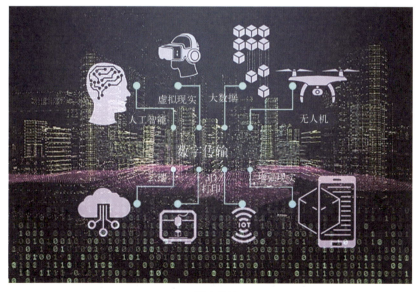

▲ 数字传输

4. SORA 对计算成像的启示

SORA 确实给我们带来了新的惊喜，它看起来是以某种场景提示生成视频，显示出来的是 AI 处理的智能：

① 善解人意：忠实文本内容；

② 以假乱真：从大数据中模拟物理世界；

③ 自作主张：揣摩意图，以电影方式切换场景。

当然，它的进化绝不仅仅限于上述三条内容，而我们关心的是它给我们带来的启示是什么。

首先，模糊图像可不可以做目标的检测和识别？换句话来说，我们是不是一定要把像成得纤毫毕现呢？答案显然不是。典型的案例就是你老远看到一个人，尽管看不清他的模样，但你通过他的高矮胖瘦、走路姿态往往就能大概率判断出他是张三还是李四；如果你能听到他一声咳嗽的话，此时的识别概率就会骤然陡升。这声咳嗽，何尝不是计算成像中多出的那一个维度呢！

我们来看 SORA 的逆扩散模型，不就是将噪声一片的图像由模糊到清晰找出了一条优化的路径吗？在我们成像的过程中，图像的模糊程度大多时候并不严重，只是分辨率降低了一些，在这样的情况下，如果给它一点 promote（提升），即生成式 AI 的文本提示，那么，AI 会不会给我们带来惊喜呢？答案是当然可以，而且，这种 promote 可以从高维度光场中轻松获得，此时，差的是该物理量的"语义描述"，当然，还有 AI 的生成式模型。这些，恰恰是未来可以研究的热点问题，因为它是计算成像到"智能"成像的基础。

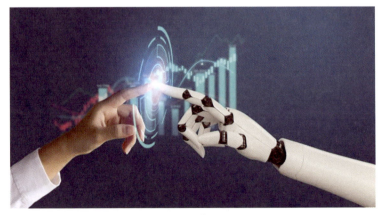

▲ 人类与 AI

说到这里，不禁联想到《信噪比：计算成像的"拦路虎"》一文中提到的信噪比问题，在很多情况下，成像会遇到噪声极其严重的问题，有的时候甚至是负 dB 信号探测问题。从逆扩散模型拓展开来，SORA 何尝不是从负 dB 信号恢复到高信噪比呢？

进一步地，点目标可不可以做识别？在远距离成像时，目标往往是一个点，就像我们看天上的繁星，那些一闪一闪甚至看起来有点暗淡的星星，很有可能比太阳还要亮 1000 倍，只是因为距离远，我们看到的是一个点而已。如果把"好奇"航天器拍摄的地球图像拿出来看一看，在浩瀚的宇宙中，地球只有一个像素那么大，会让我们认识到人类到底有多么渺小。回到目标识别的问题上，目前的图像识别往往需要几百甚至更高像素，模糊当然更不行，那么，我们升维呢？也就是获取更高维度的光场数据，是不是可以用来识别点目标呢？再加上 AI 大模型的支持，梦想是不是越来越近？

讲到这一点，不得不说目标特性。在远距离探测时，一定是点目标或者小目标，目标特性细化到网格化很显然并无必要，而恰恰是高维度光场的目标特性才更为关键，正如那一声咳嗽一样。当然，这确实很难，但不意味着没有路，人家从一片噪声中都能生成清晰图像，不能再说难和不可能了，人家至少走通了一条路。说到目标特性，还得讲场景仿真的问题，这与 SORA 更近，都是生成图像和视频，只是目标特性要生成与物理相关的场景。可以说，无论是可见光还是红外，甚至是微波波段，生成式 AI 都有能力做出更优秀的仿真场景，这里缺的是物理场如何融入的问题。

还有一点很重要，那就是**按需成像**。在《元视觉与计算光学成像》一文中，讲到元视图的问题，有了成像的元数据（当然不一定非得是元视觉数据），我们完全可以把它作为输入，加上你所需要成出什么样像的 promote，经过生成式 AI，实现按需生成，得到千人千面的"视图"，这当然更美。

显然，AI 赋能计算成像可以给我们带来很多的惊喜，可是，面临的迫切问题便是大模型和大数据，我们该怎么办？

5. 大模型还是轻量化

大模型是以 AI 大基建为基础的，至少要几万块强大的 GPU 和强大的电力支撑，甚至有人直言，AI 可能会耗尽整个太阳的能量。目前，国内外流行的大模型很多，干的活也不一样，能力更是千差万别，有人为了娱乐搞笑就去生成一些"夫妻肺片""过桥米线""麻婆豆腐"和"老婆饼"之类的菜谱。这些当然与模型本身相关，因为它对"语义"理解还不够透彻，还与喂食的大数据有关，也许它的数据还不够"大"，标记也不够清晰，再加上"智力"上的缺陷，出现一些笑话一样的生成数据也不为奇。即使是诸如 SORA 般优秀的模型，依然会出现六只手指的人类这种违背常识的问题。别忘了，在智能时代，**它们还只是个"孩子"**，我们要宽容一点。

▲ AI 绘图

很显然，这么复杂的系统是作为"大仪器""大基建"存在的，我们需要的是能轻装上阵的 AI，就像超级计算机固然很重要，但我们更需要像智能手机一样能够满足日常应用的移动设备。于是，轻量化模型的重要性就突显出来。

轻量化模型到底怎么设计，那是 AI 学者擅长的事情。此处说的是关于轻量化模型设计的几个基本原则，为的是给计算光学成像插上 AI 的翅膀。

第一，目标设计，也就是轻量化模型到底要干什么。首先不能什么事都干，专心做好一件事比干十件事要好。如果做超分辨率，就不要去做目标识别；做目标识别，就不要去做图像增强。然后是要做到什么程度，比如识别概率多少，达到任务目标就行，不要逞强，最后导致出现"拉缸"现象。

第二，量力而行。有多大本事干多大的事儿，不能脱离实际应用的条件约束：①算力，硬件能支撑多少 TOPS（Tera Operations Per Second，1TOPS 代表处理器每秒钟可进行一万亿次操作）? ② SWaP 限制，体积、重量和功耗多少? ③实时性，在可接受的时间内完成任务。

第三，有哪些料可喂? 这其实是高维度光场数据的问题，到底需要哪些物理量来支撑任务，这就涉及计算成像的范式问题，而它恰恰是最重要的一环，因为它涉及物理模型的问题，如果在物理上不能支撑任务实现，一切都将归零。

如果我们能在大模型上做一些实验验证，当然更好。轻量化、本地化的 AI 主要面向任务性强的应用，裁剪模型、简化参数、目的性强的靶向数据都是重点，甚至设计出面向任务的专用 AI 芯片，只有这样，才能将 AI 用到卫星、飞机、导弹、车船等装备中，发挥 AI 的作用，才不至于与智能脱节。

在人工智能时代，我们正确对待它的态度是要去拥抱它，而不是"躲进小楼成一统，管他冬夏与春秋"。

6. 思考

计算成像的本质是高维光场获取和解译，其面临的最大问题是高维度光场的内涵到底是什么？它都能干什么？潜力有多大？还能拓展多少应用？这些需要从事计算成像技术的人员好好去发掘，也可以借助于 AI 拓展我们对高维度光场的认知能力。一个简单的例子就是，偏振相机大家都说好，商家进了几台却很少能卖出去，就是因为大家对偏振成像的理解还远远不够。

然后，我们来看人工智能，它归属在计算机科学学科中，但学科的划分在很多时候会严重影响科学体系的发展，因为我们人为地筑起了一道篱笆：守着自己不越界，也不想别人越界。学科划得越细，对人的限制越严重。看起来繁杂的世界，运行的基本规律却也着实简单，因为唯有简单才是通向科学自由的大道。自然科学的本质是哲学，打破学科的界限，虽然很难，但从哲学的角度考虑问题，注重逻辑，突破也不是难题。当然，最难的是破了心中的那道壁垒。

无疑，人工智能是一个很好的工具，它带来的颠覆性变革会改变很多行业。对于计算成像而言，它既"物理"又有"逻辑"，不仅可以给人工智能，尤其是生成式 AI 带来更丰富的数据，让 SORA 之类的模型更符合物理规律，而且能给 AI 带来新的增量，拓展 AI 的应用范围。同时，在计算成像中，有机融合 AI，也会带来颠覆性的结果。

基因、光场与信息密码

一位幼儿园的老师拿着不同种类的苹果照片，问小朋友：这是什么？小朋友齐声回答：苹果！老师换成不同角度拍摄的苹果照片，继续问：这是什么？小朋友齐声回答：苹果！

1. 基因

宇宙的本质是信息。基因是信息遗传的密码，生物仅仅是基因的载体，它的生长代谢几乎都是受基因指令的控制。同时，我们又看到，即使是同一受精卵繁衍出的双胞胎也存在着差异。也有人提出，用爱因斯坦的基因复制出来一个人，放在今天他会不会成为历史上的那个爱因斯坦呢？显然，环境是影响生物体的另一个重要因素。那么，基因是怎么携带信息的？基因与环境又是什么关系呢？

维基百科对基因的解释是：基因（gene），在生物学中是指"携带遗传信息的基本物质单位"（基本遗传单位）。而自从确定遗传信息的分子载体为核酸后，基因即指能够遗传且具有功能性的一段 DNA 或 RNA 序列，详细来说，其为 DNA 或 RNA 大分子内一段编码基因产物（RNA 或蛋白质）合成的核苷酸序列。

基因的典型特点是能够把遗传密码传递给下一代。很明显的特点是同一家族的人面貌有相似之处，好的基因会遗传给下一代，坏的基因也会遗传，甚至某些遗传病也会一代接一代地传下去。

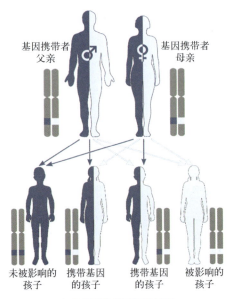

▲ 父母遗传给孩子的基因

显然，基因是控制生物体生长的决定性因素，犹如程序代码一般，每一个基因密码都如同指令一般，精准地控制着复制的每一个过程。但基因与程序代码又存在着不同，程序代码每次执行的结果都是相同的，而基因在传递密码时却经常会发生错误，我们把这种错误称为变异。

变异是经常发生的。有一种观点是早期的生物以 RNA 为遗传物质，最典型的是新冠病毒，它之所以变异那么快，就是因为 RNA 是单链的，复制过程中经常会发生错误，于是，就产生了变异。现在的生物大都是以 DNA 为遗传物质，其双螺旋结构犹如奇偶校验一般，复制错了马上纠正，保证遗传的稳定性。

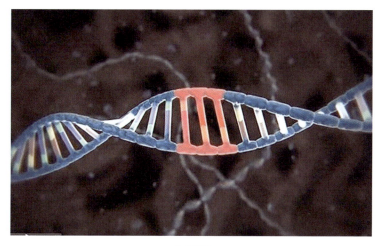

▲ DNA

尽管如此，遗传还是经常出现变异问题，影响因素很多，甚至有最新研究报道：男性 DNA 比女性的更容易出错，其中，影响最大的因素莫过于环境了。

既然变异，那么就应该有"好"的变异和"坏"的变异，好的变异多出现在我们吃的各种蔬菜水果中，比如耐虫、耐旱、耐寒等特征都会作为典型的"好"变异留存下来，大量播种遗留下来。当然，随着基因工程的发展，基因编辑、基因重组等技术已日臻成熟，转基因产品随处可见，利用基因工程治疗癌症等技术也屡见不鲜。

基因的典型特点是不仅具有家族性，甚至具有唯一性。家族性的特点很容易用于做族群的分析，研究人类迁徙历史和家族性疾病等；而唯一性特点可以很容易地从蛛丝马迹中寻找到个体，比如通过一根毛发即可找到犯罪嫌疑人。正因为如此，其家族性特点恰恰可以作为分类的依据；而唯一性的特点，恰恰就可以通过基因测序技术破案。

2. 光场

光子是神奇的，它独特的量子特性让科学家们一直争论不休。我们在这里不讨论单个光子的问题，而把重点落在光场上。正如前文所言，计算成像的本质是光场信息的获取和解译，那么光场就是蕴含场景信息的载体，研究光场至关重要。

设想一个场景：在桌子上放置一个苹果，从早到晚，我们从不同角度拍照，无论是窗户里投射过来的太阳光还是室内的灯光照射，只要有足够的曝光量，我们大概率能看出拍摄的是一个苹果而不是橘子。

对于苹果图像的认知问题，其实缘于两方面的因素：一是苹果自身的属性，无论它是什么颜色的，它的形状拓扑关系属性都是固有的，当然，咬一口尝尝更能立马分辨出来；二是我们在大脑中已经形成了苹果固有的属性，不仅有它的形状，而且有种类，甚至是味道。

但是，你能否从苹果的图像上判断出它是酸的还是甜的？糖分含量多少？有多少农药残留？有无内部腐烂？存放了多久……这些问题的答案很容易给出，那就是：不能。为什么不能？因为苹果的图像仅仅给了我们有限的信息，我们能看出它的形状、颜色、大小，却无法判断上面那些问题。

那有没有可能通过计算成像回答上述问题呢？我们当然希望有答案，但不幸的是我们往往只能得到部分答案，比如糖分的含量兴许可以从光谱信息中找到蛛丝马迹，而腐烂的问题在偏振方面可能也会有所体现，而且，现实中经常还会出现一种情况：即使已经知道了一些特征对应光学特性关系，但给出了实拍图依然还是找不到那些特征。当然，你可以把责任推给信噪比，但我认为信噪比却当了"冤大头"，不信的话，你把 SORA 中的扩散模型拿出来试试。

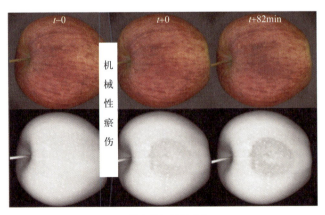

▲ 苹果的机械性瘀伤

于是，另一个问题就来了：为何 AI 能做到的事情，我们还没办法找出其中的规律呢？这当然是一个过程问题，之前我就多次讲过：AI 最擅长的是归纳，而不是演绎。在图像层面上，我们并不是什么特征因素都能提取和识别的，尤其是计算成像时代，这个图像其实是光场的记录，于是，就有更多蕴藏在光场中的特征有待发掘。

其实道理很简单，那是因为我们对光场的了解还不够透彻，尤其是高维度光场，在对光与物质相互作用后表现出来的性质研究也不够全面、不够深入，造成了我们对图像特征理解的片面性，甚至出现即使是单个物理量的图像特征，都还没有完全搞明白。典型的例子还是那个我经常提到的偏振成像，有人说它能穿云透雾，有人说它能攻克水下成像难题，有人说它能识别癌变细胞……但它到底能解决哪些问题，能解决到什么程度，至少目前，我们还很难找到满意的答案。这当然涉及目标特性的问题，尽管国内外对此方面的研究已然很多，但与我们的需求还存在很大差距，尤其是缺乏系统性和多物理量融合性的研究。比如，你去问一个做偏振光谱成像的人：偏振高（多）光谱能干什么？他大概率会回答：信息维度上升了，偏振和光谱能干的事儿它都能干，还能结合到一起用。你再问：结合起来能干什么？他往往语焉不详，憋了半天告诉你：在海面上有用，因为偏振能抑制光的反射，然后……云云。其实，他自己都没想清楚，这都是因为对目标特性理解不够透彻的原因，所以，你做的仪器再好，也不一定能卖得出去。

回过头来看一下光场，它的基本要素有空间、时间、强度、偏振、光谱（色彩）、相位等，构成了我们试图用"视觉"来理解这个世界的基本元素。可是，对于成像而言，我们更关心的是如何用这些元素解决成像中的实际需求，也就是计算成像的范式设计，即把我们需要解决的分辨率、作用距离、深度和环境干扰等问题变成这些基本元素组合的问题。

$$I(r, \lambda, t, \theta, P, n, \Phi)$$

| 光强 | 位置 | 波长 | 时间 | 角度 | 偏振 | 折射率 | 相位 |

▲ 光场函数

3. 遗传密码

遗传密码（Genetic Code）又称遗传编码，是遗传信息的传递规则，将DNA 或 mRNA 序列以三个核苷酸为一组的"密码子（codon）"翻译为蛋白质的氨基酸序列，以用于蛋白质合成。一个生物体携带的遗传信息，即基因组，被记录在 DNA 或 RNA 分子中，分子中每个有功能的单位被称作基因。每个基因均由一连串单核苷酸组成。每个单核苷酸均由碱基、戊糖（即五碳糖，DNA 中为脱氧核糖，RNA 中为核糖）和磷酸三部分组成。碱基不同，构成了不同的单核苷酸。组成 DNA 的碱基有腺嘌呤（A）、鸟嘌呤（G）、胞嘧啶（C）及胸腺嘧啶（T）。组成 RNA 的碱基以尿嘧啶（U）代替了胸腺嘧啶（T）。三个单核苷酸形成一组密码子，而每个密码子代表一个氨基酸或停止信号。

因为密码子由三个核苷酸组成，故一共有 4^3=64 种密码子。例如，RNA序列 UAGCAAUCC 包含了三个密码子：UAG、CAA 和 UCC。这段 RNA 编码代表了长度为 3 个氨基酸的一段蛋白质序列。

上述名词让我们这些学物理的人感到头疼，但跳过那些陌生的名字，仔细分析却发现，其实就是信息编码而已，似乎跟我们的二进制也没有太大区别，换个名字而已，而这恰恰就是信息的表达形式。

如果把遗传过程当成一种类似计算机运行程序的话，理论上来讲，按照遗传密码复制下来，相同基因的物种应该完全相同。可是，在自然界中，我们难以找到两个完全相同的生物，更不用提双胞胎之间的"巨大"差异性了。这是因为变异的原因，即基因突变。当细胞分裂时，遗传基因的复制发生错误或受化学物质、基因毒性、辐射或病毒的影响，都会引起基因突变。显然，除了遗传"程序"运行不稳定的原因之外，环境起了重要的作用。

4. 光场信息密码

到底还是不是那个苹果？

光与物质作用后，光场中就会携带物质的信息，信息密码就藏在光场之中。成像恰恰是获取这些信息最好的一种手段，但成像也仅仅是高维度光场向低维度投影的过程，于是就出现了信息的降维损失。这也就很容易解释人类为何容易被烧水壶、茶杯、汤碗烫着的原因了，毕竟人类只能看到可见光波段，而在红外波段却什么也看不到，于是被处于热红外波段特征显著的热水壶烫着也很正常，这就是在光谱维度上的降维。

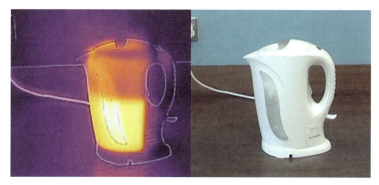

▲ 水壶的热成像

我们经常提到一个词——高维度光场，它显得很抽象，因为像偏振这样的物理量，不仅人眼感受不到，而且还特别难理解，表示方法还特别多，甚至像穆勒矩阵中的一些分量，至今还不能很好得到解释。那该怎么办？

别急，庖丁解牛，一点点来。还是从光场的基本要素开始解析。为了节省篇幅，这里只挑光谱和偏振这两个典型的要素讲。

首先来看光谱，这个被赋予了物质指纹这杆大旗的物理量，在成像方面着实让人又爱又恨。它的表示方法其实很简单，就是一条不同波段下光的反

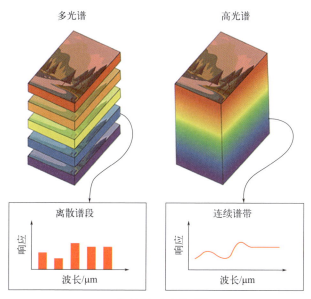

▲ 多光谱与高光谱对比

射/辐射强度曲线。理论上来讲，这条曲线越光滑、采样点越密、光谱宽度越宽，其光谱特征越完整，越容易被识别。可是，在设计光谱仪时却会受到光谱响应的限制，导致不同波段采用的探测器从材料到工艺都不一样，甚至像元尺寸也大小不同，更别说光学镜头的光谱普适性问题了。此时面临的严峻问题就是：能不能将光谱稀疏化，找出其特征光谱，然后设计成离散化的光谱片段，与遗传密码一般？其实，这就是多光谱相机设计的基础，用来指导光谱波段的选择问题。

　　然后再来看看偏振。光波偏振特性的表征有邦加球、Stokes、穆勒矩阵等方式，这些方式本质上就是光波的偏振特性在不同维度上进行投影。目前，大家普遍认为穆勒矩阵是表征偏振最好的方式，因为它有很多参量，虽然目前还不能很好地去解释其中的一些参量，但总有一天，我们会发现其中蕴含的密码。而鉴于 Stokes 矢量对偏振特性测量的便利性和表达方式的简洁性，Stokes 矢量法快速成为偏振成像普遍采用的一种方法。Stokes 矢量法仅仅是光场偏振信息的一种映射表示方法，会导致信息维度降低。而在偏振成像中，我们经常只采用线偏振模式，圆偏振长期缺席，自然也使信息维度降低。近年来，偏振成像多关注解决透大气和水等散射介质、抑制反光、生物医学成像和三维成像等领域的问题，而对偏振目标特性的研究却不多。但是，我们知道，偏振特性与物质的组成是密切相关的，也就是说，在理论上，偏振目标特性的显著性很明显，理应可以做物质判别，至少可以辅助吧。还有，偏振能够立体成像，三维形貌可增加一个相对深度信息，这无疑给二维图像处理插上了一双翅膀。显然，我们对偏振特性的理解还远远不够。

▲ 传统拍照图像及偏振成像

　　接下来，我们看看光谱和偏振结合到一起会是什么样子的呢？有人说：

这其实就是赤兔马和拖拉机的组合，似乎"泡利不相容"。因为从传统的图像处理角度看，偏振多光谱成像给出的就是分离出来的偏振图像序列和光谱图像序列，至于怎么用，不知道！这两个物理量怎么结合到一起，确实很难。其实，这种"结合"的说法本身就是错误，因为偏振和光谱是通过技术手段把它们从同一光场中分离出来的，本质上来讲，它们源于同一"基因"，只不过，如同同一基因控制，在不同器官长出不同细胞一般。那么，能不能对它们进行类似"基因剪辑"般的组合设计，在光谱和偏振两个维度空间上同时展开，而不是分别在光谱维和偏振维的一维空间比对它们的特征，当然就是赤兔马和拖拉机的组合了！说白了，我们在单一维度物理空间做的事情很多，却很少将多个物理量融合做工作，尤其是很少深度研究物理量间的"基因"耦合关系。

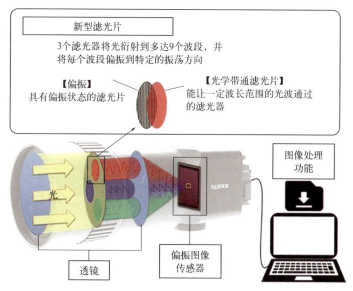

新型滤光片

3个滤光器将光衍射到多达9个波段，并将每个波段偏振到特定的振荡方向

【偏振】
具有偏振状态的滤光片

【光学带通滤光片】
能让一定波长范围的光波通过的滤光器

图像处理功能

光

透镜

偏振图像传感器

▲ 富士胶片新开发的多光谱偏振相机系统

显然，高维度光场蕴含了很多信息密码，虽然不能同基因的遗传密码一样简洁清晰地写成密码子的组合形式，但对于目标特性而言，追求类似密码子的表示方式，也许更能体现出其价值，更容易应用。科学的本质是简单，凡是复杂的，都不是最优的。类似"密码子"一样，以不同物理量数字化组合的方式表达光场信息，在形式上更符合现代计算机的处理模式，与大自然的统一性也更强。我认为，这会是今后很重要的一个研究方向，即目标特性的数字化表示。

5. 光场信息密码的变异

如同基因变异一样，光学成像特别容易受到环境的影响，这就给光场信息密码的传递带来了困难，有时犹如基因突变一般。如此一来，原先的光场信息密码将不能完整表达物体的特征，于是，物体的识别就成了问题。老赵的儿子长得越来越不像他，老赵恨不得去做一个基因识别。光场的问题也是如此，原先能辨别清楚的，现在不行了。

那么，如何去做变异后的密码溯源呢？光场信息密码的变异肯定有它的规律，看产生的原因：天气恶劣、大气扰动、强光干扰……这些都可以导致密码变异，甚至两个物体相互干扰严重时，也会产生变异。这也是为何实验室做得很好的目标特性实验，到实际环境中却变得一塌糊涂的原因。那么，变异后的密码不就是在原先的密码基础上加干扰项吗？没错，可是干扰项该怎么设计却是个大问题，最简单粗暴的做法是加噪声，当然结果肯定不理想。

其实，在很多的目标特性研究过程中，或多或少都会考虑这个干扰项的问题。如果变异原因也能写成"密码子"的形式，那么这个问题就会变得简单多了。当然，这需要换个思路去探索。

6. 记录

高维度光场信息的记录非常困难，目前为止，还没有看到把光场信息同时全部记录下来的案例。一个主要的原因是现有的探测器都是记录强度信息

▲ 多维信息

的，而很多物理量需要从强度信息中反演，于是，想在一个平面探测器上记录下多个物理量信息，就会出现信息混叠的情况，如全息图会把干涉条纹叠加到图像上；如果物理量太多的话，势必造成信息存储的损失问题。那该怎么办呢？

首先，全光场信息的记录对成像过程而言，全无必要！我们要的不是全部光场信息，而是重要的信息。那什么才是重要的信息？答案很简单：你最关心的那个！那好，重要信息必然要有它的信息密码，于是，我们就去看它的信息密码中到底包含了强度、偏振和光谱等哪些信息，根据这些信息，有目的地去设计成像范式。我们知道，成像范式设计受制的很大因素是探测器：平面、均匀采样、记录强度信息。想要更大的设计自由度，最好的办法是改变探测器，这恰恰是我们多年梦寐以求的愿望！

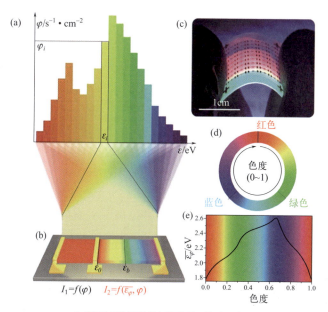

▲ 基于光谱投影的新型颜色感知探测器

我在之前的很多文章中都写过计算探测器的问题，对于未来探测器该如何设计，确实是个很重要也很难的问题。单从物理量上来看，既要有强度，还要有光谱和偏振等，不同类型的像素该如何分布、设计多少个、设计成什么类型（比如波段宽度、偏振方向），怎么最大化利用不同类型的像素提升空间分辨率，这些都需要有一个指导思想。那么，指导思想是什么呢？答案当然是光场信息密码！

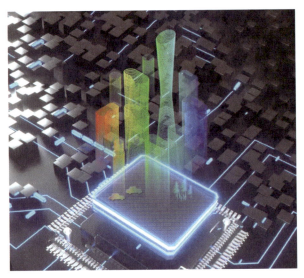

▲ 未来探测器畅想

7. 尾声

　　一只巨大的虾蛄（又名皮皮虾）对着困住它的水族箱玻璃愤怒地出拳，只听见"哐当"一声，玻璃竟然被击穿，它逃逸了！

　　虾蛄从数亿年前存活到现在，是个奇迹；而且，据说从 4 亿年前开始，它就固执地停止了进化！虾蛄性情凶猛，视力十分锐利，但它看到的图像是什么样的？那么小的脑袋是如何解决这些复杂问题的？值得我们关注。

▲ 寄居蟹的眼睛

极简光学

——单透镜可否「完美」成像

近年来，超透镜（Metalens）可谓出尽了风头。做光学成像如果不 Meta 一下，就有一种要落伍的感觉。从 *Nature* 到 *Science*，从英文到中文，从高校到研究所，从学术界到工业界，超透镜都是座上宾，一时间，超透镜几乎成了下一代光学成像的"扛把子"，大有替代传统光学系统之势。剥茧抽丝，你看目前各路登台的 Metalens 大戏之所以还能演得绘声绘色，其根本原因是有计算成像在背后加持。然则细想一番，超透镜无非就是一个光学衍射器件而已，它的前辈们命运如何，已然给它指明了方向。

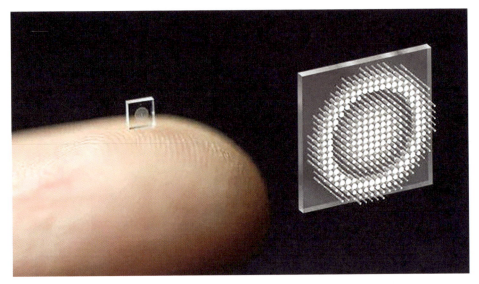

▲ 超透镜

犹如买股票一般，如果把全部家当都押到一只股票上，胜算概率之低自然可以算出。至少，我可以预言：未来的光学成像系统绝不仅是超透镜，还将有极简光学的一席之地。

1. 极简光学

何谓极简光学？极简光学实际上是计算光学发展的必然产物，在完成一定任务驱动的约束条件下，充分利用计算性能（算力），以最小的代价（最少的镜片、最小的体积和重量），设计出满足成像需求的光学系统。

从上面的定义可以看出，极简光学的数学本质是在一定约束条件下的最优化设计问题，也是计算光学成像全链路一体化设计思想的体现。

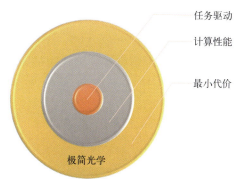

任务驱动

计算性能

最小代价

极简光学

▲ 极简光学

下面，我们逐一分析极简光学的定义。

首先是任务驱动，即成像的目的是什么，把它作为一个重要的约束条件。因为不同光学成像的任务需求不一样，有追求高分辨率的，有追求高帧频的，有追求高可靠性的，还有追求更强环境适应能力的，等等。任务不同，要求不一样，设计思想也不同。那么，我们就要从需求出发，根据成像环境和平台的约束，比如重量、尺寸甚至还有成本，准确给出设计原则。

然后是算力的约束，这个约束最大程度取决于当前集成电路技术的发展水平，其次是平台能提供的算力资源有多少。计算成像的光场解译算法会不断优化下去，不同阶段消耗的资源也不尽相同。但我们可以看到，现在越来越多的算法在实时性方面已不再是问题，而且，随着算法专用芯片技术的发展，集成化的低功耗芯片可以给计算成像的前途带来一片光芒。

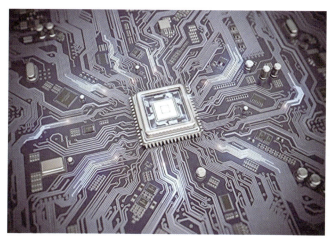

▲ 芯片

接下来，我们就该看看最难啃的骨头——最小代价。什么是最小代价？

这个概念看起来简洁明了，却难以量化，甚至有些模棱两可，这也恰恰是极简光学最有魅力的地方，也是我们要重点攻克、建立新规则的内容。在这里，最小代价要考虑的因素有镜片的数量、镜片的材料、工艺、加工和装调难度、制造周期和成本，等等。

我们把这三条联系到一起，做一个全局的优化设计，得到的系统就是极简光学。

在这里，我要特别强调的是：极简光学并不是一味地追求只需要一片镜子完成设计，而是根据约束规范，给出的最优解，既可以是单片镜子，也可以是多片的联合，但总的原则是满足任务需求的最优设计；更严格地讲，它是一套完整的设计规范。

2. 从单透镜成像说起

我们在初中物理中就学过单透镜成像的知识，到了大学后，它被修正为薄透镜成像，而这个薄的厚度是 0，也叫理想透镜。很显然，客观世界中薄透镜不存在，于是我们就看到了那些贵得吓人的摄影镜头，为了追求可以数头发丝的画质，动辄花费上万元买一只笨重的"大光（圈）定（焦）"镜头。随着欲望的增长，对好镜头的渴望日益上升，于是就有了"单反穷三代"的说法。

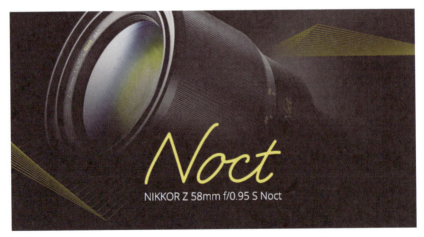

▲ 尼康发布 NIKKOR Z 58mm f/0.95 S Noct 镜头

那为何这些昂贵的镜头都采用那么多片镜子，甚至用萤石（CaF_2）这种质脆、难以加工的贵重材料呢？能不能用简单透镜做成像镜头呢？

▲ 尼康发布 NIKKOR Z 58mm f/0.95 S Noct 镜头

目前，评价一个镜头性能参数的最有力工具就是调制传递函数 (MTF) 曲线，而光学系统设计追求的恰恰也就体现在 MTF 曲线上，甚至我们毫不客气地讲：摄影镜头为了追求那一点点 MTF 的提升，付出的代价远超它带来的那点性能，性价比极低。摄影，从高雅走向大众，再到后来，经常会沦为面子问题，从追求艺术沦落为器材党。而这些，似乎都是昂贵镜头惹的祸。

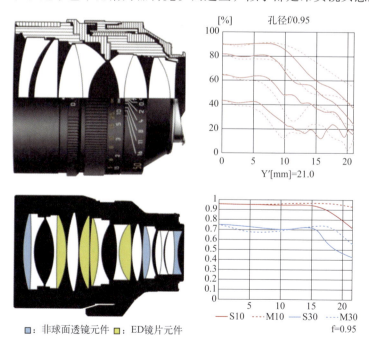

▲ 镜头设计图解和 MTF 图表（f/0.95）

尽管单透镜成像存在着天生的不足，但是，人们对它的研究却从来没有停止过，尤其是随着计算能力提升之后，研究单透镜成像的浪潮就一波接着一波，相关文章也屡见不鲜。可是，到目前为止，依靠单透镜成像的案例却极少见到，这到底是为什么呢？

首先，我们来看看单透镜的 MTF 曲线。目前来看，几乎所有单透镜的 MTF 曲线都具有的普遍特征是频率下降很快，截止频率很低，与摄影镜头相比，那差距大得会让你几乎不用怀疑单透镜是否适合用来成像。

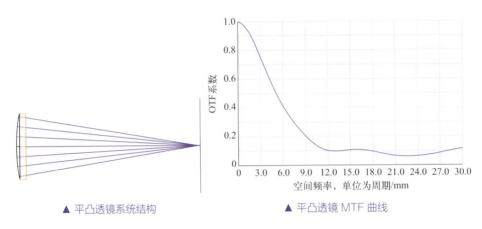

▲ 平凸透镜系统结构　　　　　　　　▲ 平凸透镜 MTF 曲线

但是，如果你把现在火得不要不要的 Metalens 的 MTF 曲线拿出来比较一下，是不是会增加点信心呢？是啊，Metalens 不仅 MTF 曲线难看，而且光谱响应范围很窄，人家都想跑赢未来，单透镜的"综合素质"比它好多了，为啥就不敢呢？

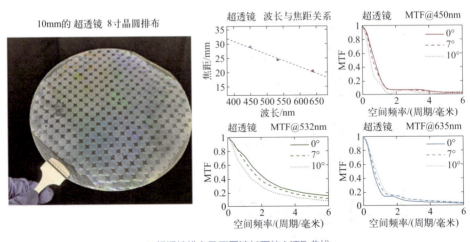

▲ 超透镜排布及不同波长下的 MTF 曲线

然后，我们再来看看单透镜的点列图，它的空间一致性很差，对应的弥散斑很大，其直径甚至达到毫米量级，对于微米量级的像元尺寸来讲，大得离谱，图像不模糊才怪呢！

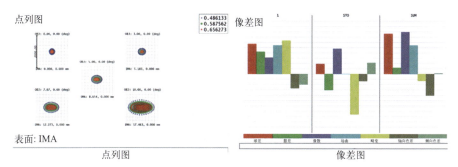

▲ 单透镜的点列图和像差图

最后来看看像差的问题。无论是色差还是像散，无论是畸变还是场曲，单透镜的表现都不怎么地，让它去成像，确实太为难了。

质疑，是科学精神的本质；执着，是科学家的基本素质。单透镜成像质量不好，分析一下原因，看看能不能通过算法改善，提升成像质量呢？

成像质量提升，体现在参数上，无非就是 MTF 曲线更"平整""丰满"（光通量和信息总量）、弥散斑更小（清晰度），如果是彩色成像，还要看色差的问题。

那么，对单透镜成像的优化而言，因为其自身的光学素质已经固定，我们能做的仅仅是从成像模型下手，通过算法提升 MTF，改善图像质量。目前，普遍的做法是采用非线性的去卷积模型提高图像的清晰度，然后利用一些消色差等算法进一步提升色彩还原度。当然，这类的研究很多，算法也不少。

下面，我们以平凸透镜成像为例介绍其模型，它包含点扩散函数采样与成像全视场非线性退化两部分。在图像处理课程中，成像的退化模型一般写成点扩散函数卷积加上噪声干扰项的形式，当然，其前提条件是满足线性条件。可是，由于成像系统中的光线不仅仅只有近轴光线，线性条件已然不能成立。一般地，可以利用光线追迹计算物平面到像平面光波传输过程来计算采样点扩散函数（PSF）。通过对平凸透镜计算，实际的 PSF 与空间位置有关，只用单一的 PSF 无法表征全视场的退化关系。此时，可以按照光线追迹的方案提取多个视场下的 PSF 作为已知的退化函数，其余位置的退化函数可以通过已知处的退化函数插值得到，于是，任意位置处的退化函数则可以由已采样位置处的全局退化函数加权计算。接下来，按此方法先在多个波长通道下进行点扩散采样，然后通过全局变化的点扩散函数模型进行模拟自然场景中平凸透镜的成像。

下面是平凸透镜的成像结果，目前，在计算机平台上可以实现 720P 图像 100Hz 的重建。

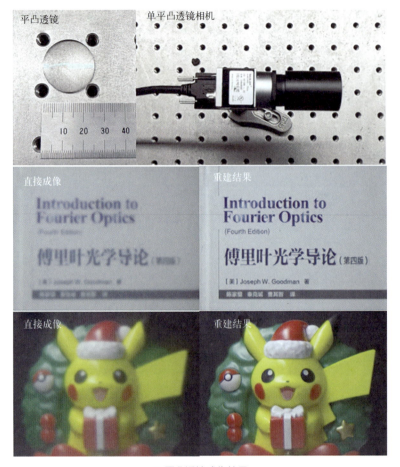

▲ 平凸透镜成像结果

其实呢，我们从单透镜成像模型中发现，很多问题是因为其固有的缺点造成的，比如透镜面型单一、材料单一，可操作空间很小，当然也没有编码，成的像不仅品质不好，而且往往因为图像过于"自然"而不利于重建，导致算法压力很大，尤其是在处理色差、场曲等问题时，数字计算需要的边界条件往往很难满足，导致算法的奇异性，而且算法优化过程中引入的噪声也很严重，重建图像看起来品质不高，尤其是 MTF 提升幅度不够时，图像的信息冗余度变低，导致图像看起来干巴巴地不自然，这种情况其实在手机摄影中经常看到。

▲ 手机拍摄　　　　　　　　▲ 相机拍摄

　　显然，对极简光学成像而言，科学的方法是理性，不走极端，也就是说，我们没有必要一味追求单片透镜成像，而应从应用的实际出发，全局优化设计，达到极简的目标。况且，你可以看到，单透镜成像（当然也包括 Metalens）还存在很多应用上的难题需要解决，比如成像的后截距，它直接宣布 Metalens 再薄，也会因为焦距的问题不能紧贴探测器，甚至因为单片想缩短后截距都不可能，导致的结果还是体积很难缩小。这其实也是定义极简光学的一个重要因素。

3. 妥协：从单透镜到极简光学

　　一个光学镜头往往由很多片镜子组成，每片镜子都肩负着重要的角色。

　　被称为光学工程学科"四大支柱"之一的光学系统设计看起来很高大上，其套路却是学习使用光学系统设计软件，套用已有的模型，选择材料、调整镜片间距，优化参数，如同学生做习题一般。

　　下面，我们就来看看这个具体过程。

　　光学镜头设计过程的第一步是从镜头的实际用途出发，确定目标镜头的**一阶参数**，主要包括镜头的**视场**、**F 数**、**焦距**、**工作波段**、**后截距**等。把这些一阶参数作为限制条件，通过理想光学公式计算或搜索现有的镜头专利库，得出或找到合适的光学系统初始结构。

　　显然，光学镜头的一阶参数会直接影响镜片的物理属性。例如后截距这个参数，很多人都不太重视，然而它却对确定成像质量、调整焦距起着重要作用。在传统设计的过程中，需要考虑到后截距对像质的影响，较长的后截距能够提高成像质量，减少畸变和色差等问题；较短的后截距则会导致像质下降，出现像散和畸变等问题。一般来说，长焦镜头需要更长的光路来聚焦光线，往往具有较长的后截距，而短焦镜头则具有较短的后截距。在安防领域中，为了满足大范围的信息获取，监控镜头的全视场 FoV（Field of View，视场角）往往很大，对于入瞳位置的镜片而言，其曲率及口径也会相应增大。在不考虑探测器型号的条件下，后工作距越短，主光线入射到像面上的角度就越大，光学系统后组镜片承担的光焦度就越大。历史上，120 相机出现的时间比 135 相机要早，很重要的一个原因就是 135 相机的镜头设计难度比 120 相机更大，因为它的像场和后截距都比较小。所以，一阶参数对镜片的筛选及初始结构调整非常重要。

▲ 布朗尼 2 号（No.2 Brownie）和徕卡"0"号相机

畸变和场曲是短焦镜头最主要的像差。1966 年的一款 40mm、f/4 的镜头，被一款体积更小的、拥有相同焦距和 F 数、采用非球面的镜头所替代，新镜头的总长度（Total Track Length，TTL）显著缩短，总重减少了约 1/3，其中非球面对于解决像散问题起到极大作用。其利用非球面增加设计自由度的方式，对镜头的像散进行了补偿，从而实现了镜头体积和重量的减少。这是否意味着计算成像技术利用计算补偿的方式，对减薄设计后镜头的缺陷像质进行补偿，同样也可以实现在不降低像质的前提下，缩短镜头总长，降低镜头重量呢？

▲ Zeiss Distagon 40mm f/4

通常，望远设计放在长焦镜头中，可以有效缩短镜头的总长，但简单的望远结构会显著增加镜头的重量，因此，许多厂商采用萤石制作的前镜组与非球面结合才满足了高成像质量和轻量化的市场需求，但增加了镜头的成本，并增加了像差校正的难度。那些昂贵的摄影镜头，在宣传页中都高调地表明用了多少块萤石和非球面，暗示"发烧友"这个镜头确实值那个价钱。

■：萤石镜片　■：ED玻璃镜片

▲ AF-S 尼克尔 500mm f/4E FL ED VR

在成像光学领域，评价一个镜头是否满足应用需求的标准，首先对准的是成像清晰度，成像质量的评价主要包括 MTF 曲线和点列图，对比衍射极限 MTF 值和艾里斑半径即可进行评估。所以在光学设计过程中，光学工程师在获取了初始结构之后，便要对系统的像差进行矫正，包括优化或修改结构中镜片的曲率半径、厚度、材料等，这一部分通常是整个设计中最漫长的过程。虽然近代光学系统设计可以借助软件快速优化结果，但主流的光学设计软件的算法在求解最优解时容易陷入局部解，此时需要光学工程师人为干预，在一些像差的矫正过程中，人为地替换玻璃材料有时比计算机效率更高，比如使用双胶合透镜时，工程师往往通过强色散玻璃与弱色散玻璃结合，相互色散补偿达到消色差目的。

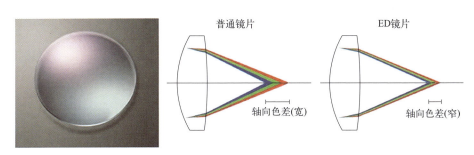

▲ 尼康相机镜头

当残余像差矫正后，考虑到装调和制造的误差，如镜片的偏心、倾斜、系统结构参数的误差等，需要对设计结果进行公差分析，评价公差对最终结果的影响程度。另外，设计结果仅针对理想的光线传播轨迹，即光线按顺序穿过系统的每一面，而实际情况下，进入光学系统的光线具有随机性，设计师往往需要进一步进行非序列模式下的仿真和分析。

最后，光学系统的制造成本也是需要关注的问题。在光学设计行业中有这样一句名言：光学设计的核心，永远都是寻找合适解，而不是最优解。一个光学产品的落地实现，需要考量多方因素，如何降本增效也是各大光学企业关注的重点。传统的光学系统设计中，通过使用注塑镜片、减少光学系统镜片和非球面镜片的数量、设计具有更宽公差的系统等方法来降低成本，但由于成像质量和成本控制的相互制约，找到二者的平衡点是传统光学设计的难点。然而，随着光电设备在工业、医疗、航天等领域的大范围商用推广，越来越多的使用者期望的是能够在不降低成像需求的前提下，降低设备的成本，减小设备的体积，减轻设备的重量。

▲ 应用与代价的关系

计算成像指导下的极简光学系统设计，不追求简单的镜片最少，而是在满足使用需求的前提下尽量减少体积、结构、加工时间等代价，实现光学与实际应用的平衡。

4. 删繁就简——极简光学的设计准则

在艺术界有一句名言叫"Less is more."凡是美的，一定是简单的；但美的内涵，却不简单；删繁就简，简洁却不简单，其本质上是模式的创新。

计算成像体系中非常重要的一个发展方向就是极简光学成像系统设计，理所当然，与传统镜头设计所要考虑的问题不同，遵循的原则也不一样。

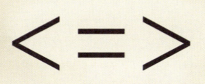

LESS IS MORE

▲ Less is more

准则一：应用为先。

在简化镜头的过程中，计算成像技术第一位考虑的依然是镜头的应用场景问题，将其对应到镜头自身的属性中，便指向了镜头的一阶成像性能参数，包括焦距 f、光圈 F 数、视场角 FoV 以及工作波段 λ 等，这些参数所代表的含义就是选择该镜头在特定应用场景下的理由。因此，与传统的镜头设计流程一致，计算成像在简化镜头时，这些参数也应该是第一位进行考虑的，不能说经计算简化后，镜头被减轻、减薄并且具有良好的像质，但新镜头的焦距、视场或者波段无法在需求的场景下使用，这就本末倒置了。

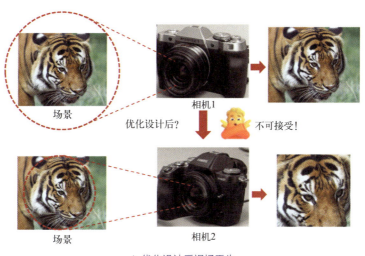

场景　　相机1　　优化设计后？　　不可接受！

场景　　相机2

▲ 优化设计后视场丢失

准则二：约束条件。

第二位考虑的则是计算成像技术瞄准要解决的重点问题——光学成像系统 SWaP 需求，即体积、重量、成本及功耗等的限制。传统设计方法的简化，是在极致的像差优化约束下，寻找是否仍有剩余的可优化空间或者另外的镜头设计方案，没有摆脱越来越高的成像需求和越来越复杂的镜头结构之间的发展关系。

而计算成像技术在镜头上的简化与传统设计过程的简化不同。计算成像技术为了实现镜头的简化，不再对镜头施加"零像差"的压力，放松了镜片对像差的部分约束，减轻了镜片的负担，从而让镜头结构的简化成为可能，满足使用者对镜头在体积、重量、成本和功耗上的使用需求。但这样做的代价则是会保留一部分的残余像差没有被校正，简化后镜头的直接成像结果存在缺陷，一般来说能够直观反映在成像质量参数上，比如 MTF 曲线、Seidel 像差、点列图光斑的 RMS 半径以及波前差等。因此，引入能够解决对应问题的计算补偿手段，使其成像结果能够满足最终的成像需求，这是计算成像技术要考虑的第三个问题。

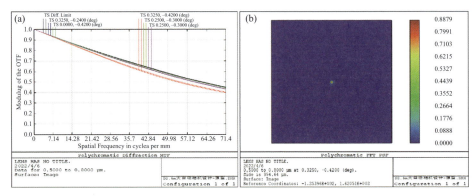

▲ 传统设计下某相机镜头的 MTF 与 PSF

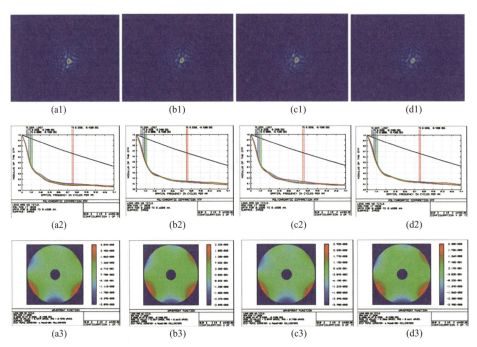

▲ 基于计算成像技术设计后该相机在扰动环境下镜头的 MTF 与 PSF

准则三：全局优化。

面对简化后镜头"卸下"的成像压力，计算成像技术通过在全链路成像过程中引入对信息的编解码手段，对信息进行计算补偿，"扛起"了简化后镜头剩余的压力，使得简化后的光学成像系统在计算成像技术的支持下，以满足使用者成像需求为前提，让系统变得更加轻薄，更加符合使用者的使用需求。

传统设计的流程首先是根据应用场景的需求进行镜头的选型，经过初步优化后，满足了最基础的一阶成像性能参数；接着，便以满足使用者对镜头的成像需求进行设计，这一阶段，应当在一阶成像性能参数的约束下，以成像质量参数为评价标准，根据 MTF 曲线、Seidel 像差、点列图光斑的 RMS 半径以及波前差等，对镜头的结构进行再优化；最后，为了满足使用者的使用体验，传统设计对缩短镜头长度和是否存在设计冗余而进行的检查，对第一步设计和第二步设计来说，可以看作是锦上添花。

计算成像技术在对镜头进行"极简设计"的过程中，需要考虑问题的顺序出现了变化。计算成像技术并非以完全替代传统设计的角色而存在的。计算成像技术在极简光学成像系统的设计流程中，仍是以满足场景需求为基础，尽可能保证一阶成像性能参数不变；接着，将满足使用者的使用需求作为一个发展目标进行考虑，利用计算补偿的特点，探索在满足成像需求的前提下，改善目前部分光学成像系统的使用受限问题。

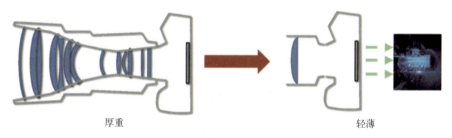

厚重　　　　　　　　　　　　　　　　　　　　　轻薄

▲ 卸下镜片的压力，相机由"厚重"到"轻薄"

例如，为了保证超大口径望远镜高质量成像，对主镜的光学及力学特性都提出了十分苛刻的要求，这也直接导致超大口径望远镜成本奇高且加工周期非常长。采用拼接式的主镜虽然能降低单个镜片的加工难度，但是后期在轨展开、主镜内各子镜都会影响最终的成像质量，且系统调校难度很大，周期很长，不利于大量、快速部署。但是，在计算成像思想的极简光学设计中，可以放松对主镜力学、光学面型等参数的要求，从而降低主镜的成本及加工周期。将因放松主镜要求后所引发的波前扰动、像差等利用计算重建来补偿，实现基于计算成像思想的极简设计。最终在不降低一阶成像性能参数的前提下，降低超大口径望远镜的代价。

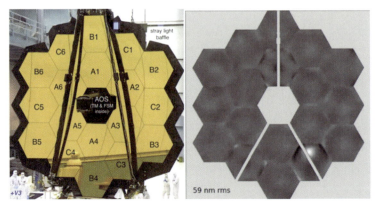

▲ 詹姆斯韦伯望远镜 C3 镜片被"微陨石"击中，使波前均方根误差由 56nm 升至 280nm

5. 未来

应简尽简是极简光学的精髓，追求极致是极简光学的目标，优化计算是极简光学的核心。光学成像的应用中，在强烈 SWaP、低成本和高可靠性的驱动下，极简光学走上舞台是发展的必然。

▲ 现代手机

目前，我们看到几乎所有的手机镜头都是凸出在手机面外的，原因就是为了追求像质普遍采用 7 片以上的镜片设计，导致 TTL 难以压缩；航空相机往往预留的空间也很有限，航天遥感相机贵得要命，而弹载的相机往往会因上万个重力加速度导致可靠性变差，更不要谈超大口径望远镜的难度了。所有这些问题，我相信，随着极简光学的体系化发展，都会迎刃而解。

后记

《基因、光场与信息密码》一文写完之后，我诚惶诚恐，怕很多人看完不理解，看不懂，甚至提出质疑。当然，质疑是好事情，我更怕的是我的文章出现根本性和逻辑性的错误。

此文发稿前，我问我专栏团队的青年教师读懂了没，有人说：邵老师，这篇文章很难，但我在努力跟上你的步伐。当文章发出来之后，我也私下问过一些人，让他们讲一讲自己的观点。有人跟我说看不太懂，隐隐约约感觉是在写目标特性的事情，至于与基因的关系是什么，着实看不太明白。

当然，也会有人说：你写的不是科普吗？怎么我看不懂了呢？其实，我写的是专栏文章，在第一年度里，确实以科普的形式讲述的内容比较多，但随着内容的深入，尤其是一些新的探索领域，它本身的性质就是很陌生，但需要有人讲出来，甚至指出来该怎么去做，于是，从第 2 季开始后的这些文章就变得更难懂一些。我也经常跟团队的年轻老师和学生讲，在读我的文章时，要多读几遍，多思考体会，想一想文中的有些话，我为什么要那么写。

这篇文章的本质是写目标特性的，也是针对现有目标特性的一些现状，给出了我的一些思考。

于是，在文章发表的第二天，我受邀到长沙参加某国家实验室的学术讨论，中午吃饭时间，我跟国防科技大学的一位教授讲我写的这篇文章，先是从基因的角度来看，各种生命背后其实是密码子构成的基因决定着，尽管生命非常复杂，但是，这些密码子却规整有序，甚至很简单；然后再去看各种目标特性，目前，我们识别它们的多是根据从图像中解构出来的形状特征，目标特性的内容极少应用其中，而且，目标特性的描述过于复杂，不同特性需要不同的术语表述，人为构建起的学科壁垒很高，往往让不太熟悉的人望而却步，导致的结果就是不好用，甚至造成圈子封闭，陷入自娱自乐式研究。因为不同的材质、不同的物体，它的强度、光谱、偏振等物理特征都不同，就像有基因控制一般；那么，回过头来思考一下，如果把目标特性按照基因般的描述，构造成目标特性的"密码子"序列，比如物体的几何拓扑特征是一组，强度、偏振、光谱等各为一组，这样就能像基因解译一样描述出目标特性。让我没有想到的是，他竟然对此文思想大加赞赏，认为未来的目标特性就应该朝着这样的方向去发展。不经意间，他给了我很大的信心。

　　我知道很多人确实没有读懂此文，特意写了这篇后记，就是想让读者能按照我说的这种思路重新阅读，也许会得到更多的共鸣，兴许，有人会研究出这样的目标特性密码子，这也会给做计算成像的人更多的信息启迪，不再老去迷茫"偏振多光谱到底能干什么"这样的问题。

　　我写的这些文章内容，都有着或多或少不好言述的背景，看似篇篇独立，却也有着相互的联系；既有现今的研究进展，又有未来的发展。我也当然希望能够以其他的形式与各位读者一起解读。

参 考 文 献

[1] Dohr S, Muick M, Schachinger B, et al. IMAGE MOTION COMPENSATION-THE VEXCEL APPROACH[J]. The International Archives of the Photogrammetry, Remote Sensing and Spatial Information Sciences, 2022, 43: 333-338.

[2] Giannoni L, Lange, Frédéric, Tachtsidis I. Hyperspectral imaging solutions for brain tissue metabolic and hemodynamic monitoring: past, current and future developments[J]. Journal of Optics, 2018.

[3] Audhkhasi R, Fröch J E, Zhan A, et al. Software-defined meta-optics[J]. Applied Physics Letters, 2023, 123(15).

[4] Brännlund C, Gustafsson D. Single pixel SWIR imaging using compressed sensing[C]// Symposium on Image Analysis. 2017: 14-15.

[5] He C, Shen Y, Forbes A. Towards higher-dimensional structured light[J]. 光：科学与应用（英文版），2022, 11(8): 1650-1666.

[6] 闫明宇. 多目标人脸在偏振三维成像中空间位置畸变问题研究 [D]．西安：西安电子科技大学，2022.

[7] Yamamoto M, Lin W, Gu T, et al. New photorefractive material development for new updatable holographic three-dimensional display[J]. 2008.

[8] Eluru G, Saxena M, Gorthi S S. Structured illumination microscopy[J]. Advances in Optics and Photonics, 2015, 7(2): 241-275.

[9] Li W, Wang B, Wu T, et al. Lensless imaging through thin scattering layers under broadband illumination[J]. Photonics Research, 2022.

[10] 孙雪莹，刘飞，段景博，等. 基于散斑光场偏振共模抑制性的宽谱散射成像技术 [J]．物理学报，2021, 70(22): 74-83.

[11] Kim, S. High-Speed Incoming Infrared Target Detection by Fusion of Spatial and Temporal Detectors. Sensors 2015, 15, 72677293. https: //doi. org/10. 3390/s150407267.

[12] Liu X, Suganuma M, Sun Z, et al. Dual residual networks leveraging the potential of paired operations for image restoration[C]//Proceedings of the IEEE/CVF Conference on Computer Vision and Pattern Recognition. 2019: 7007-7016.

[13] 赵建堂. 基于深度学习的单幅图像去雾算法 [J]．激光与光电子学进展，2019, 56(11): 8.

[14] Fei Liu, Lei Cao, Xiaopeng Shao, et al. Polarimetric dehazing utilizing spatial frequency segregation of images[J]. Appl. Opt. 54, 8116-8122 (2015).

[15] Roman J C M, Noguera J L V, Legal-Ayala H, et al. Entropy and Contrast Enhancement of Infrared Thermal Images Using the Multiscale Top-Hat Transform[J]. Entropy, 2019, 21(3).

[16] 冯天时，庞治国，江威，等. 高光谱遥感技术及其水利应用进展 [J]．地球信息科学学报，2021, 23(9): 1646-1661.

[17] Pizzolante R, Carpentieri B. Visualization, band ordering and compression of hyperspectral images[J]. Algorithms, 2012, 5(1): 76-97.

[18] Rowe M P. Inferring the retinal anatomy and visual capacities of extinct vertebrates[J]. Palaeontologia Electronica, 2000, 3(1): 43.

[19] Bowmaker J K, Dartnall H J. Visual pigments of rods and cones in a human retina. [J]. J Physiol, 1980, 298(1): 501-511.

[20] 聂伟, 阚瑞峰, 杨晨光, 等. 可调谐二极管激光吸收光谱技术的应用研究进展 [J]. Chinese Journal of Lasers, 2018, 45(9): 911001-1.

[21] Rosenberg H. Über den Zusammenhang von Helligkeit und Spektraltypus in den Plejaden[J]. Astronomische Nachrichten, 1910, 186(5): 71.

[22] Bioucas-Dias J M, Plaza A, Dobigeon N, et al. Hyperspectral unmixing overview: Geometrical, statistical, and sparse regression-based approaches[J]. IEEE journal of selected topics in applied earth observations and remote sensing, 2012, 5(2): 354-379.

[23] Scotté C. Spontaneous Compressive Raman technology: developments and applications[D]. Marseille: Université d'Aix-Marseille, 2020.

[24] Park B, Seo Y, Yoon S C, et al. Hyperspectral microscope imaging methods to classify gram-positive and gram-negative foodborne pathogenic bacteria[J]. Transactions of the ASABE, 2015, 58(1): 5-16.

[25] Hagen N, Kudenov M W. Review of snapshot spectral imaging technologies[J]. Optical Engineering, 2013, 52(9): 090901-090901.

[26] Li J, Du S, Wu C, et al. Drcr net: Dense residual channel re-calibration network with non-local purification for spectral super resolution[C]//Proceedings of the IEEE/CVF conference on computer vision and pattern recognition. 2022: 1259-1268.

[27] Wan Z, Wang H, Liu Q, et al. Ultra-degree-of-freedom structured light for ultracapacity information carriers[J]. ACS Photonics, 2023, 10(7): 2149-2164.

[28] Choi Y, Yang T D, Fang-Yen C, et al. Overcoming the Diffraction Limit Using Multiple Light Scattering in a Highly Disordered Medium[J]. Physical Review Letters, 2011, 107(2): 023902.

[29] Banaclocha M A M, Banaclocha H M. Neuron-Astroglial Communication in Short-Term Memory: Bio-Electric, Bio-Magnetic and Bio-Photonic Signals.Short-Term Memory: New Research[M]. New York: Nova Publishers, 2012.

[30] Zheng G, Horstmeyer R, Yang C. Wide-field, high-resolution Fourier ptychographic microscopy[J]. Nature Photonics, 2015, 9(9): 621-621.

[31] Li W, Wang B, Wu T, et al. Lensless imaging through thin scattering layers under broadband illumination[J]. Photonics Research, 2022, 10(11): 2471-2487.

[32] Yi J, Zhen C, Yimo H, et al. Electron ptychography of 2D materials to deep sub-angstrom resolution[J]. Nature, 2018, 559(7714): 343-349.

[33] Zhou, Kevin & Aidukas, Tomas & Loetgering, et al. Introduction to Fourier Ptychography: Part I[J]. Microscopy Today, 2022, 30. 36-41.

[34] 闫明宇. 多目标人脸在偏振三维成像中空间位置畸变问题研究 [D]. 西安：西安电子科技大学，2022.

[35] Zhang S. High-speed 3D shape measurement with structured light methods: A review[J]. Optics & Lasers in Engineering, 2018, 106: 119-131.

[36] Peter J. de Groot, Leslie L. Deck, Rong Su, Wolfgang Osten. Contributions of holography to the advancement of interferometric measurements of surface topography[J]. Light: Advanced Manufacturing 3, 2022, 3(2): 258-277.

[37] Nathan A. Hagen, Michael W. Kudenov, "Review of snapshot spectral imaging technologies," Opt. Eng. 2013, 52(9): 090901-090901

[38] Hagen N, Kudenov M W. Review of snapshot spectral imaging technologies[J]. Optical Engineering, 2013, 52(9): 090901-090901.

[39] Cossairt O S, Miau D, Nayar S K. Scaling law for computational imaging using spherical optics[J]. JOSA A, 2011, 28(12): 2540-2553.

[40] Pan A, Zuo C, Yao B. High-resolution and large field-of-view Fourier ptychographic microscopy and its applications in biomedicine[J]. Rep Prog Phys, 2020, 83(9): 096101.

[41] Wilson, Adam. Airborne Remote-Sensing Technologies Detect, Quantify Hydrocarbon Releases[J]. J Pet Technol, 2015, 67 (15): 103-105.

[42] 左超，陈钱. 分辨率、超分辨率与空间带宽积拓展—从计算光学成像角度的一些思考 [J]. 中国光学，2022, 15(6): 11051166.

[43] Kahn S M, Kurita N, Gilmore K, et al. Design and development of the 3 2 gigapixel camera for the large synoptic survey telescope[J], Proceedings of SPIE, 2010, 7735: 77350J.

[44] Leininger B, Edwards J, John A, et al. Autonomous real-time ground ubiquitous surveillance-imaging system (ARGUS-IS)[J]. Proceedings of SPIE, 2008, 6981: 69810H.

[45] Golish D R, Vera E M, Kelly K J, et al. Development of a scalable image formation pipeline for multiscale gigapixel photography J Optics Express, 2012, 20 (20): 22048-22062.

[46] Llull P, Bange L, Phillips Z F, et al. Characterization of the AWARE 40 wide-field-of-view visible imager[J]. Optica, 2015, 2(12): 1086-1089.

[47] TANG Ning, YU XiaoYu, LIU DaYang, et al. Study on the method of the photometry calibration of ground-based coronagraph according to solar irradiance and preliminary test[J]. Chinese Journal of Geophysics (in Chinese), 2023, 66(3): 881-890.

[48] Zaffar M, Ehsan S, Stolkin R, et al. Sensors, slam and long-term autonomy: A review[C]//2018 NASA/ESA Conference on Adaptive Hardware and Systems (AHS). IEEE, 2018: 285-290.

[49] Liao F, Zhou Z, Kim B J, et al. Bioinspired in-sensor visual adaptation for accurate perception[J]. Nature Electronics, 2022, 5(2): 84-91.

[50] Surdej J. Introduction to optical/IR interferometry: history and basic principles[J]. arXiv preprint arXiv: 1907. 07443, 2019.

[51] Zheng G, Horstmeyer R, Yang C. Wide-field, high-resolution Fourier ptychographic microscopy[J]. Nature Photonics, 2013, 7(9): 739-745.

[52] G. D. Boreman, Modulation Transfer Function in Optical and Electro-Optical Systems, SPIE Press, Bellingham, WA, 2001.

[53] J. Li, F. Luisier and T. Blu. Pure-let image deconvolution[J]. IEEE Transactions on Image Processing, 2018, 27(1): 92-105.

[54] Siyuan Dong, Zichao Bian, Radhika Shiradkar, et al. Sparsely sampled Fourier ptychography[J]. Opt. Express, 2014, 22(5): 5455-5464.

[55] Lu Chen, Zhishan Gao, Ningyan Xu, et al. Construction of freeform mirrors for an off-axis telecentric scanning system through multiple surfaces expansion and mixing[J]. Results in Physics, 2020, 19: 103354.

[56] Y. Y. Schechner and N. Karpel. Recovery of underwater visibility and structure by polarization analysis[J]. IEEE J. Oceanic Eng. 2005, 30(3): 570-587.

[57] Chiang J Y, Chen Y-C. Underwater image enhancement by wavelength compensation and dehazing[J]. IEEE Transactions on Image Processing, 2012, 21(4): 1756-1769.

[58] Smith R C, Baker K S. Optical properties of the clearest natural waters (200-800 nm)[J]. Applied Optics, 1981, 20(2): 177-184.

[59] Liu F, Wei y, Han p l, et al. Polarization basedexploration for clear underwater vision in naturalillumination[J]. Optics Express, 2019, 27(3): 36293641.

[60] Nasir M, Heonyeong J, et. Twisted non-diffracting beams through all dielectric meta-axicons [J]. Nanoscale, 2019, 43(11): 20571-20578.

[61] Mariani P, Quincoces I, et. Range-gated imaging system for underwater monitoring in ocean environment[J]. Sustainability, 2019, 11(1): 162.

[62] Y. Shen, C. Zhao, Y. Liu, et al. Underwater optical imaging: key technologies and applications review[J]. IEEE Access, 2011, 9(5): 85500-85514.

[63] Jatana N, Puri S, Ahuja M, et al. A survey and comparison of relational and non-relational database[J]. International Journal of Engineering Research & Technology, 2012, 1(6): 1-5.

[64] Li R, Rückert D, Wang Y, et al. Neural adaptive scene tracing[J]. arXiv preprint arXiv, 2202, 13664.

[65] Akıncı S, Göktogan A. Detection and mapping of pine processionary moth nests in UAV imagery of pine forests using semantic segmentation[C]. Proceedings of the Australasian Conference on Robotics and Automation (ACRA), Adelaide, Australia. 2019: 9-11.

[66] Winiwarter L, Pena A M E, Weiser H, et al. Virtual laser scanning with HELIOS++: A novel take on ray tracing-based simulation of topographic full-waveform 3D laser scanning[J]. Remote Sensing of Environment, 2022, 269: 112772.

[67] Li Q, Dong L, Hu Y, et al. Polarimetry for bionic geolocation and navigation applications: a review[J]. Remote Sensing, 2023, 15(14): 3518.

[68] Grigorev G V, Lebedev A V, Wang X, et al. Advances in microfluidics for single red blood cell analysis[J]. Biosensors, 2023, 13(1): 117.

[69] 邵晓鹏, 刘飞, 李伟, 等. 计算成像技术及应用最新进展 [J]. 激光与光电子学进展, 2020, 57(2): 020001.

[70] Corsi C. New frontiers for infrared[J]. Opto-Electronics Review, 2015, 23(1): 3-25.

[71] Huang L, Luo R, Liu X, et al. Spectral imaging with deep learning[J]. Light: Science & Applications, 2022, 11(1): 61.

[72] Lin Y T, Finlayson G D. A rehabilitation of pixel-based spectral reconstruction from RGB images[J]. Sensors, 2023, 23(8): 4155.

[73] Yu N, Genevet P, Kats M A, et al. Light propagation with phase discontinuities: generalized laws of reflection and refraction[J]. science, 2011, 334(6054): 333-337.

[74] Wang Z, Cao J, Hao Q, et al. Super-resolution imaging and field of view extension using a single camera with Risley prisms[J]. Review of Scientific Instruments, 2019, 90(3).

[75] Imfeld K, Neukom S, Maccione A, et al. Large-scale, high-resolution data acquisition system for extracellular recording of electrophysiological activity[J]. IEEE Transactions on biomedical engineering, 2008, 55(8): 2064-2073.

[76] 李晟，王博文，管海涛，等. 远场合成孔径计算光学成像技术：文献综述与最新进展 [J]. 光电工程，2022, 49(9): 210421.

[77] Surdej I. Co-phasing segmented mirrors: theory, laboratory experiments and measurements on sky[D]. lmu, 2011.

[78] Shao Xiaopeng, Liu Fei, Li Wei, et al. Latest progress in computational imaging technology and application[J]. Laser & Optoelectronics Progress, 2020, 57(2): 020001.

[79] Li W, Xi T, He S, et al. Single-shot imaging through scattering media under strong ambient light interference[J]. Optics Letters, 2021, 46(18): 4538-4541.

[80] Kuo P H, Lin S T, Hu J. DNAE-GAN: Noise-free acoustic signal generator by integrating autoencoder and generative adversarial network[J]. International Journal of Distributed Sensor Networks, 2020, 16(5): 1550147720923529.

[81] Durán V, Soldevila F, Irles E, et al. Compressive imaging in scattering media[J]. Optics express, 2015, 23(11): 14424-14433.

[82] Van der Groen O, Tang M F, Wenderoth N, et al. Stochastic resonance enhances the rate of evidence accumulation during combined brain stimulation and perceptual decision-making[J]. PLoS computational biology, 2018, 14(7): e1006301.